21世纪高等教育财经津梁丛书

个人信息安全

孙毅 郎庆斌 杨莉 \ 著

东北财经大学出版社
Dongbei University of Finance & Economics Press
大 连

ⓒ　孙毅　郎庆斌　杨莉　2010

图书在版编目（CIP）数据

个人信息安全／孙毅，郎庆斌，杨莉著．—大连：东北财经
大学出版社，2010.3
（21 世纪高等教育财经津梁丛书）
ISBN 978 - 7 - 81122 - 952 - 3

Ⅰ．个…　Ⅱ．①孙…②郎…③杨…　Ⅲ．隐私 - 人身权 - 高等
学校 - 教材　Ⅳ. D913.04

中国版本图书馆 CIP 数据核字（2010）第 037620 号

东北财经大学出版社出版
（大连市黑石礁尖山街 217 号　邮政编码　116025）
教学支持：（0411）84710309
营销部：（0411）84710711
总编室：（0411）84710523
网　　址：http：//www.dufep.cn
读者信箱：dufep＠dufe.edu.cn

大连北方博信印刷包装有限公司印刷　东北财经大学出版社发行

幅面尺寸：172mm×242mm	字数：300 千字	印张：13 1/2
2010 年 3 月第 1 版		2010 年 3 月第 1 次印刷
责任编辑：谭焕忠		责任校对：王 娟　那 欣
封面设计：张智波		版式设计：钟福建

ISBN 978 - 7 - 81122 - 952 - 3
定价：22.00 元

序一

随着信息技术的发展，个人信息的收集、处理愈加方便、容易，大量涉及个人隐私的信息，可以轻易地随时通过网络获取。对个人信息的侵害愈加频繁，愈加呈现多样性，从而引发新的个人隐私的安全危机。

由于几千年传统文化的影响，公民在经济、社会活动中普遍缺乏个人信息安全意识，在全球经济一体化、社会生活信息化的今天，缺少个人信息安全专门法规、行业间自律规范的约束，个人信息不合理地公开甚至滥用成为常态。

为了规范个人信息收集、处理、使用行为，保证个人信息的有序、合理、合法流动，大连市率先发布了《大连市软件及信息服务业个人信息保护规范》，并开始实施个人信息保护认证工作，并在此基础上，发布了辽宁省地方标准《辽宁省软件及信息服务业个人信息保护规范》。2008 年 6 月 19 日大连软交会期间，辽宁省正式发布了全社会各行业可遵循的地方标准《辽宁省个人信息保护规范》。

在个人信息安全相关标准编制、地方法规研究和个人信息保护认证实践中，涉及个人信息的定义、个人信息的特征、个人信息主体的权益、个人信息保护的原则、个人信息管理、个人信息安全，以及个人信息保护认证机制、个人信息保护认证质量等诸多问题。经过多年未曾间断的持续阅读、研究、分析、吸收、思考，形成个人信息安全规范的精炼的条文、认证机制及质量保证体系，并完成了全国首部基于丰富实践经验，系统、理论地阐述个人信息安全机理的专著——《个人信息保护概论》①。

为了更好地认识、理解个人信息安全，推进个人信息保护工作的普及、深入，在《个人信息保护概论》的基础上，我们重新梳理了个人信息安全体系构建、实施、运行和个人信息安全认证机制的基本概念、流程、过程、基本理论和实践、质量控制等诸多问题，基于最新的研究成果和实践经验，修正了《个人信息保护概论》中不明确、不清晰，甚至错误的观点，保证在个人信息安全实践中正确、清晰地理解和学习。如在实践中，能获得个人信息安全理论和实践的初步认识并在以后的工作中付诸实施，则本书的初衷得以实现。

本书共分 10 章，由东北财经大学孙毅组织撰写，大连交通大学郎庆斌设计全书架构并总纂、定稿。第 1、3、10 章由孙毅撰写；第 2、4、5、6、9 章由郎庆斌撰写；第 7、8 章由杨莉撰写；附录部分由孙毅编写。

大连软件行业协会的孙鹏、王开红、郭玉梅、曹剑、常伟、尹宏等，为本书的撰写，收集、提供了大量资料，提出了许多有益的思路，在此向他们表示深深的谢意！

---

① 郎庆斌、孙毅、杨莉：《个人信息保护概论》，北京，人民出版社，2008。

　　本书在编写过程中，得到大连市经济和信息化委员会、大连软件行业协会、大连个人信息保护工作委员会和工作委员会教育培训组的大力支持，在此一并表示感谢！

　　本书得以顺利出版，特别感谢大连市西岗区信息产业局及王义杰局长，对他们付出的努力，表示深深的谢意。

　　由于个人信息安全是我国新兴的研究领域，因此，本书中许多观点还值得商榷，也难免存在许多不足之处，欢迎同仁共同探讨，并加以斧正。

东北财经大学　孙毅

2009 年 12 月

序二

　　个人信息安全，正在形成信息安全领域一个新的分支，成为全球瞩目的焦点。它深刻影响着人们在经济、社会、生活中的活动，已经成为不容忽视的安全因素。

　　遍观世界，个人信息安全事件频出，2008 年，英国涉及 2 500 万人、725 万个家庭的资料泄露，2009 年英国 1.9 万张信用卡信息泄露，日本陆上自卫队 14 万人及家属信息泄露，美国生命保险日本分公司个人信息泄露，日本住友生命保险横滨子公司 1 600 名员工信息泄露……不一而足。中国的个人信息泄露，更是泛滥成灾。环顾宇内，随着科技发展、社会进步，更凸显个人信息的商业价值和经济利益，特别是虚拟空间的迅速膨胀，使个人信息炙手可热，作为社会个体的个人几无隐私可言。

　　欧盟及其各成员国，建立了严格的个人信息安全相关的法律体系。然而，层出不穷的个人信息安全事件严重考验着法律体系的遵从度。英国于 2009 年 6 月 2 日发布了第一个个人信息保护规范——*Data Protection – Specification for Personal Information Management System*，以提高和维持 1998 年英国数据保护法的遵从度。可见，仅仅依靠法律的严谨是不能保证个人信息的相对安全，需要辅之行业自律相应标准。

　　在个人信息安全实践中，如何保障个人信息安全和个人信息主体权益，没有统一的模式、成熟的理论和同一的经验。个人信息安全是新兴的研究领域，概念、模式、过程、服务、质量、标准与法律的协调等，有大量课题需要认真、深入研究。在个人信息安全研究中，注重将已形成的观点诉诸文字，以供实践检验、同行交流、教授学子，推进个人信息安全意识的普及进程，是本书的宗旨。

　　个人信息保护体系（个人信息管理体系更趋严谨和科学）是保证个人信息管理活动科学、规范、有效、充分，约束个人信息管理者行为的管理系统。本书从个人信息保护体系入手，剖析了体系机制、构成、过程和质量保证等，以及体系评价机理、过程、质量。基于个人信息保护体系总体架构，分别阐述了管理机制、保护机制、安全机制、过程改进机制及保证体系充分、有效、适宜的评价机制，也阐述了基于实践形成的若干基本概念。

　　本书通过一个虚拟的企业环境，描述了构建、实施、运行个人信息保护体系的全过程，是实际使用本书的总结，有一定的现实指导意义。

　　本书的撰写，是个人信息安全研究、实践近 10 年的结晶，是大连软件行业协会个人信息保护工作委员会、个人信息保护评价办公室集体智慧的成果，凝结了大连市从事个人信息安全事业全体成员的心血和劳动。本书作者谨致诚挚的谢忱。

大连交通大学　郎庆斌

2009 年 12 月

目　录

第1章 绪 论

个人信息伴随着社会发展和市场经济的建立，凸显人格利益的商业价值和经济利益。人格要素的商品化、利益多元化，更凸显了在现代社会经济活动中，个人信息的无形的物质性财产权益。

随着网络技术的发展，改变了传统的生活形态，社会生活更加便利和快捷。同时，通过网络收集、处理和利用个人信息也更加容易。号称全球最大的中文搜人引擎 Ucloo，只要输入姓名，就可检索到非常详尽的个人信息。在信息技术飞速发展的今天，几无个人隐私可言。

个人信息无形的商业价值，特别是网络空间信息资源共享的特性，使个人信息被不合理使用、收集、篡改、删除、复制、盗用、散布的可能性大大增加，个人信息主体的个人信息控制权面临失控的危险。

1.1 网络应用中的个人信息侵害

计算机技术，特别是网络技术的飞速发展，在带来便利和快捷的同时，也更易于个人信息的收集和利用，因而产生了个人信息滥用、泄漏、公开和传播的隐患，如 Cookie 的利用。

基于网络的个人信息收集和利用主要包括：

1. 当用户获得网上服务，包括网上购物、获取信息、电子邮箱、个人主页、网上浏览等时，网络服务商通常会要求用户提供部分个人信息，如姓名、性别、年龄、家庭住址、工作单位、住宅电话或手机号码、身份证号码，以至婚姻状况等，甚至要求提供更加详细的个人信息，内容可以广泛到无所不包；

2. 用户在电子商务活动中形成的个人财产和信用信息，包括登录账号和密码、信用卡、电子消费卡、网上交易的相关信息、个人收入状况等；

3. 游戏玩家在网络游戏过程中形成的个人信用信息，包括网络游戏账号和密码、QQ 号和密码、游戏虚拟物等；

4. 用户的网上行为，包括访问网站时使用的 IP 地址、网上活动轨迹、活动内容、兴趣爱好等；

5. 个人的电子邮箱和电子邮箱地址等。

网络服务商可以基于网络在短时间内收集到大量的、多种类型的个人信息，基于商业目的进行整合，并建立相应的数据库。网络服务商利用个人信息数据库，可以直接面向用户进行有针对性的广告宣传和销售服务，以降低传统销售方式的成本，提高经营效率。

个人信息为个人信息主体唯一拥有，利用个人信息，必须经过信息主体授权。

但是，基于网络的个人信息利用和收集，存在侵犯个人信息主体隐私权的威胁。这种侵权行为常常表现为：

1. 个人为主体的侵权行为。主要表现为：

（1）未经个人信息主体同意或授权，擅自在网上公开、宣扬、散布、泄漏、转让他人的或与他人之间的个人信息；

（2）未经个人信息主体同意或授权，窃取、复制、收集他人传递过程中的电子信息；

（3）未经个人信息主体同意或授权，擅自侵入他人的电子邮箱、发送垃圾邮件、邮件炸弹或恶意病毒等；

（4）未经个人信息主体同意或授权，擅自侵入他人的个人信息系统，收集、破坏、窃取他人的个人信息等。

如在 BBS 或公共聊天室中公布、散布、张贴他人的个人信息，就是一个典型的例子。

2. 网络服务商为主体的侵权行为。网络服务商向公众提供网络技术、设施和服务等信息交流所需的基础条件，不论是有偿服务，还是无偿服务，均应采取必要的管理措施和相应的技术手段，保证用户的个人信息安全。但是，用户的个人信息具有无形的价值属性，一些网络服务商为谋取巨大的经济利益，肆意侵犯用户的权益。主要表现为：

（1）用不合法的手段、不合理的目的，收集、保存用户的个人信息；

（2）以不合理的目的，过度收集、使用个人信息；

（3）未经个人信息主体同意或授权，不合理利用或超目的、超范围滥用个人信息；

（4）未经个人信息主体同意，擅自篡改、披露个人信息，发布错误的个人信息；

（5）未经个人信息主体同意或授权，擅自将所保存的、经合法途径获得的个人信息提供给商业机构，造成个人信息的不合法公开、泄漏或传播。

号称全球最大的搜人引擎 Ucloo，可以搜索到近 9 000 万华人详细的个人信息资料，包括个人的家庭、生活、工作等各个方面，而只需花费一元钱、输入姓名即可。Ucloo 服务商在未得到个人信息主体同意或授权的情况下，以获取最大经济利益为目标，保存和收集个人信息，用于不合理的目的；不合理或不合法地利用或滥用个人信息，造成个人信息的泄漏、传播或不合法的公开。Ucloo 服务商的行为是典型的侵犯个人隐私的行为。

3. 生产厂商为主体的侵权行为。生产厂商在制造销售的网络基础设施中设计了专门的功能，以收集用户的信息；或存在漏洞，为某些专业人员窃取用户的信息提供了便利，使用户的个人信息资料受到侵害，如微软操作系统、INTEL 奔腾产品等。

还有许多形式的侵权行为，如以商业机构为主体的侵权行为，以网上调查、市场调查为名，跟踪、记录用户的网上行为，收集用户的个人信息资料，并转让、出卖，以获取利润，或用于其他商业目的等。

网络服务商在个人信息收集和利用中，存在信息不对称问题，是引发网上个人信息侵害愈加严重的原因之一：

1. 地位不对称。网络服务商在收集和利用个人信息时，在个人信息的使用目的、范围、方法等方面处于主导地位，可能提出一些不合理的要求，强迫用户接受。用户则处于被动地位。

2. 信息不对称。网络服务商在收集、利用个人信息时，用户被告知的信息是有限的，个人信息的使用目的、范围、方法等使用情况，并未完全通知用户，用户也缺乏对相应技术的了解。

1.2 博客与隐私

在网络应用中，博客，由于其特殊的网络交流方式，是发展最为迅猛的。2008年 11 月，在上海召开的第二届中美互联网论坛上，中国个人博客数量的迅猛增长受到特别关注。中国国务院新闻办公室副主任蔡名照向与会精英披露，"去年，中国个人博客有 4 000 多万，今天中国的博客数量已达到 1.7 亿，网民拥有博客的比例高达 42.3%。"

另据中国互联网协会理事长胡启恒透露的另一项排名则显示，目前中国互联网的十大应用领域中，博客及个人空间，位列第八，排名超过了论坛、BBS、网络购物。

博客是继 E-mail、BBS、ICQ 之后出现的又一种网络交流方式，代表新的生活方式和工作方式，甚至成为新的学习方式。它是一种表达个人思想、网络链接内容，按照时间顺序排列，并且不断更新的出版方式，综合了多种原有的网络表现形式。通常由简短且经常更新的帖子构成。其内容和目的可以有很大的不同，从其他网站的链接和评论、有关公司或个人构想，到日记、照片、诗歌、散文，甚至科幻小说的发表或张贴，林林总总，包罗万象。

然而，博客的开放性，如果与搜索引擎结合，将使普通人无所遁形，引发个人隐私泄露的危险。通过博客和搜索，就可以随便搜索到普通人的生活琐事、喜怒哀乐。可能博客（写手）不会在博客中公布真实的个人信息，但绝不可以无视这一问题。无论怎么谨慎，总会无意中透露些微个人隐私。根据这些个人隐私，可以轻易收集到博主的个人信息。

《深圳青年》2009 年第 15 期的一篇文章，讲述了一则在博客上看到的故事。小标题是"信息危机：小心你的博客"，文章大意如下：

一位在美国工作的同胞，因为性格比较内向，怯于社交，单身一人。为了排遣独在异乡的寂寞，向来极度低调的他终于在一年多以前开始写博客解闷（博客博主）。虽然他感觉自己所写的日志无非就是日常起居的流水账，但在偶然闯进他博客的人看来，竟充满了别样的吸引力。因而，他的博客不久就游荡起一小帮同样身在美国且为孤独所困的博友。

一天，博主打开电脑，收到一封陌生女孩的邮件。女孩自称为博客读者，将在第二天飞到博主所在城市，与博主相见。邮件称，她已知道博主住址，可以轻易找到。**博主自知从未在博客中公布过个人信息**，因而以为是恶意玩笑，并未在意。

然而，第二天下班回到住所，竟真有一个女孩等在门口。女孩进屋就开始炫耀"人肉搜索"技能：**利用博主在博客中透露的点点蛛丝马迹，经过无数次 GOOGLE 搜索**和地面人脉打探，最终确定了博主的电子邮箱和住址……

同样，利用博客泄露他人隐私也不乏其例。如苏州"博客门"事件：据《检察日报》报道，一位苏州工业园区管委会招商局副局长把自己同时与 4 个男性领导保持不正常关系的事情以日记方式公布在博客中，网民经"人肉搜索"，曝光了事件所涉及的人员；杭州一女子因被人以连续 98 篇博客曝光个人隐私而诉至法院……

备受关注的"中国博客第一案"，原告陈堂发是南京大学新闻传播学院的一名副教授，他发现在中国博客网的一个网页上，一篇名曰《烂人烂教材》的博客日志里，博客主人"K007"指名道姓地辱骂他，诸如什么"猥琐人"、"流氓"、"烂人烂教材"等，并已在网页上保留了 2 个多月。原告协商无效后诉至法院。虽然。"中国博客第一案"以原告的胜诉告终，但暴露了网民、网站经营者法律意识淡薄，法律的有效制裁措施欠缺，个人隐私权在博客面前的脆弱。

博客中凸显的个人隐私隐患，是网络应用中个人信息侵害的典型事例。

1.3 现实生活中的个人信息侵害

现实生活中，个人信息随意传播、公开、泄漏、滥用的现象随处可见。人们可能会有意或无意地泄漏自己的个人信息，泄漏形式是多种多样的：一次抽奖活动、申报某项事务，如申请信用卡、订阅杂志、一个电话、应聘、住宿等，个人信息就可能进入商家预先设计的数据库中，成为商家获取利益的筹码。当某个人或某商家对你的姓名、工作单位、电话号码、身份证号码、生活信息等个人信息资料了如指掌时，而你对此却一无所知。

很多人可能有过这样的经历：刚刚购买一套商品房，就不断收到装修公司，甚或是房屋中介公司的电话或短信，他们知道房子的户型、面积等详细信息；一个孩子刚刚出生，婴幼儿用品广告就做到了家门口，他们知道孩子的性别、出生时间等；刚办理了新车入户，保险公司会立即打电话推销；如果在某个公共场合接受了市场调查，就可能收到许多莫名的广告宣传或"骚扰"电话……

大量的个人信息合法地掌握在许多公共机构、政府行政机构、提供公共服务的公司：学校有学生的个人资料、医院有病人的病历档案资料、司法公安机关有当事人的个人隐私资料，以及工作单位、银行、移动通信……某些个人或商家可以轻易地与管理个人信息的权利机关结合，监听、获取个人信息资料，如 2006 年 11 月，中央电视台、深圳电视台曝光的"深圳市车管所将车主资料出卖给套牌制造分子"、2007 年 4 月中央电视台《新闻调查·约会新 7 天》"我们的隐私是否被侵犯"、2009 年 3·15 晚会曝光的公开叫卖个人信息的海量信息科技网，全国各地的车主信息、各大银行用户数据，甚至股民信息等一应俱全，且价格极其低廉，很清楚地说明了这个问题。

在现代社会、经济活动中，个人信息的无形的价值属性，驱动人们不遗余力地攫取。对商家而言，谁拥有更多的个人信息，谁就拥有更大的潜在的经济利益，并由此催生了一些以买卖个人信息资料为业的商家和个人。

在我国，人们对个人隐私的认识比较模糊，重视不足，与历史的文化传承有关。在实际生活中，人们可能公开谈论涉及个人隐私的话题，已是司空见惯。为某些商家或个人收集个人信息资料提供了便利条件。这些收集方式可能包括：

1. 通过已公开的信息，或在平常的人际交往、工作关系中收集并累积个人信息；

2. 通过在公共场所进行市场调查、问卷调查等形式，获取个人信息；

3. 采用某种方式，与具有大客户群的单位，如医院、学校、酒店、商场、楼盘销售处等，建立联系，获取、累积个人信息。

4. 其他方式，如窃取的个人信息资料：身份证或复印件、应聘资料、登记表等，造成个人信息的任意传播或滥用，甚至对个人信息主体构成威胁等，多种多样。

在个人信息的经济价值日益凸显，信息处理成本愈来愈低的情况下，个人信息泄漏、滥用的危险也日益严重。

附录 1 是《南都周刊》2009 年 11 月 9 日刊载的一篇文章，披露了透过手机"偷窥"个人隐私的示例。

1.4 个人信息安全的影响

信息技术的发展使信息传递和处理更加方便、快捷，特别是网上金融交易、网上购物、网络聊天、网络游戏等基于网络行为的实现，大量的以个人为主体的信息在网间流动，使个人信息的侵害行为，成为新的信息公害。

个人信息主要体现在信息服务业、金融保险业、医疗服务业、政府机关、电信业、教育、广告及印刷、劳动服务业、制造业等行业中，随着现代信息服务业的深入，正逐渐向全社会展开。社会、政治、经济等各个行业在计算机网络系统、相关软件及数据处理、社会生活的各个方面经常涉及个人信息的使用和处理，因此，凸显个人信息安全的重要性。

个人信息安全早已引起许多国家的关注，并采取了相应的措施。国际上已有 50 多个国家和地区制定了相关法规和标准，以图保证个人信息在政治活动、经济活动、虚拟空间中的安全。这些国际组织、机构和国家建立的个人信息安全方面的主要法规有：

1973 年瑞典颁布《数据法》；

1974 年美国颁布《隐私法》；

1976 年联邦德国颁布《联邦数据保护法》；

1978 年法国颁布《数据处理、档案与自由法》；

1980 年欧盟颁布《关于保护自动化处理过程中个人数据的条例》；

1980 年 OECD 发表《隐私保护和个人数据跨国流通指导原则》；

1982 年加拿大颁布《隐私保护法》；

1984 年英国颁布《数据保护法》；

1986 年美国颁布《电子通信隐私法》；

1995 年欧盟通过《个人数据保护指令》；

1996 年欧盟通过《电子通讯数据保护指令》；

1999 年欧盟制定《Internet 个人隐私保护的一般原则》；

1999 年美国政府公布《互联网保护个人隐私的政策》；

2005 年日本颁布实施《个人信息保护法》。

其中，世界经济合作发展组织（Organization for Economic Co-operation and Development，OECD）1980 年颁布的《隐私保护和个人数据跨国流通指导原则》中有关个人信息保护的八项原则，成为各国一致遵循的原则，许多国家在此基础上制定或不断补充、完善本国的个人信息保护法规。OECD 八项原则是：

1. 收集限制原则。个人信息的收集必须采取合理合法的手段，必须征得个人信息主体的同意。

2. 信息质量原则。个人信息必须在利用目的范围内保持正确、完整及最新状态。

3. 目的明确化原则。个人信息收集目的要明确化。

4. 利用限制原则。对个人信息资料不得超出收集目的范围外利用。

5. 安全保护原则。对个人信息的丢失、不当接触、破坏、利用、修改、公开等危险必须采取合理的安全保护措施加以保护。

6. 公开原则。个人信息管理者必须用简单易懂的方法向公众公开个人信息保护的措施。

7. 个人参加原则。个人信息主体的权利，包括：确认个人信息的来源、个人信息的保存等；收集、利用的质疑；修改、完善、补充、删除等。

8. 责任原则。个人信息管理者有责任遵循有效实施各项原则的措施。

八项原则体现了对人的尊重和对个人信息的规范管理，在保护个人信息的同时，让个人信息能真正实现自身价值和更好地为公众服务。个人信息的安全防护不是为了限制个人信息的流动，而是对个人信息流动进行正规的管理和规范，以保证能够符合个人信息主体同意的目的，保障个人信息的正确、有效和安全，保证个人信息能够在合理、合法的状态下流动。

我国与个人信息安全相关的法律条文，散见于宪法、民法、刑法等法规中，没有专门的保障个人信息安全的法规；公民和社会普遍缺乏个人信息安全意识，个人信息经常性被不合理地公开甚至滥用。这种状况由于国际上对个人信息安全的关注直接影响到我国的对外交流。随着国际交流的增加和国际业务的增多，与实行个人信息保护的国家进行项目合作和交流时，这些国家会考虑我国个人信息安全情况，而且将优先选择实行个人信息安全防护的国家。因此，个人信息安全已成为国际业务交流中一项重要的制衡条件。

软件外包业务是我国的重点产业之一，大量软件及信息处理业务来自国外。国外客户对个人信息安全的要求，已经对承接软件及信息外包业务造成了影响。特别在对日外包业务中，由于日本颁布、实施了个人信息保护法，特别是自 1998 年 4 月 1 日创建针对日本信息处理企业的 P - AMRK 认证制度，对软件外包企业意义深远。

大连是我国软件外包基地之一。从个人信息安全对大连软件与信息服务业的影响可以窥见一斑：

1. 产业整体表现为：信息服务业客户对加工信息发包谨慎，软件加工业客户不提供真实测试数据。

2. 客户向承接外包项目的企业提出个人信息安全的具体要求，并在合同中增加个人信息安全相关条款和违反规定的处罚。因有关个人信息保护不当所造成损失的处罚金额相当高。

一些承接外包项目的企业着手建立个人信息保护制度，但这种单个企业建立的个人信息保护制度，不能得到国外客户对个人信息保护整体状况的认可。

1.5　个人信息安全范畴

追踪个人信息安全的历史，最早可追溯到 2400 年前的古希腊。被西方尊为"医学之父"的古希腊著名医生、西方医学奠基人希波克拉底（Hippocrates），在著名的"希波克拉底誓言"中，要求医生必须遵守职业医德，不得泄漏个人信息："……在治病过程中，凡我所见所闻，不论与行医业务有否直接关系，凡我认为要保密的事项坚决不予泄漏。"这可能是最早的保护个人信息安全的形式。

社会发展到 21 世纪，信息技术的迅速普及，使社会生活方式发生了根本变革。公共空间和个人空间的界限日益模糊，个人隐私的安全受到巨大冲击。

在现实生活中，经常会发生这样的事情：我们的手机会收到莫名的短信，电子邮箱会收到垃圾邮件……网络攫取了我们的个人信息，并被无限滥用。

电子政务是政府机构应用现代信息通信技术，以网络技术为基本手段，实现管理流程优化和服务扩展的综合性信息系统。通过电子政务，管理政府的公开事务、内部事务，为公众提供政府服务平台。

　　在电子政务环境中，政府借助信息通讯技术，提高行政效率和管理水平，维护公共利益。在为公众提供各种服务时，必然通过网络收集、储存、管理和利用个人信息，但个人信息处理的随意性，极易侵犯公民的个人利益。

　　电子商务是企业之间、企业和消费者之间利用计算机技术、网络技术和远程通信技术进行的各类商业活动，包括货物贸易、服务贸易和知识产权贸易等。

　　电子商务伴随着大量个人信息的流动，在电子商务活动中，为了解用户上网、消费习惯、提供个性化的服务，往往在用户注册时，根据不同的需要，要求用户提供简单的或详细的个人信息，如详细的姓名、通信地址、电话、电子邮件等，甚至个人兴趣、性别、职业、收入、家庭状况等，同时也可以利用技术方法获得更多他人的个人信息。

　　这些个人信息的再利用，是威胁个人信息安全的隐患。许多电子商务经营者未按承诺提供保密措施，甚至向其他网站出售个人信息，以谋取经济利益。

　　在软件外包业务中，大量软件及信息处理业务来自于国外。国外客户的信息、公司员工的个人信息、银行保险等商务信息的安全，直接影响外包业务的承接。

　　因此，个人信息安全的内涵丰富、外延广泛。采用自动或非自动处理方式收集、录入、加工、编辑、存储、管理、检索、咨询、交换、传输、输出、使用、提供、委托等或其他利用个人信息的行为，均在提供个人信息安全保护的范畴之内。

第 2 章　基本概念

本章探讨个人信息安全领域的一些基本的概念，这些基本概念是在个人信息安全实践中总结和提炼出来的，对理解、学习个人信息安全知识具有重要意义。

2.1　信息

2.1.1　信息的普遍性

信息是人类生产活动、社会活动中的基本载体，承载以文字、符号、声音、图形、图像等形式，通过各种渠道传播的信号、消息、情报、资料、文档等内容。信息普遍存在于自然界、人类社会和人的思维之中。

信息与我们人类的历史一样久远。人类自诞生以来就在利用信息，从结绳记事、文字发明到今天计算机的大规模应用，均包含着信息的产生、传递、识别、显示、提取、控制、存储、处理、利用。

早在殷商时期，根据殷墟出土的甲骨文记载，殷商盘庚年代（公元前 1400 年左右），国境四方戍卒向天子报告军情的记述，有"来鼓"二字。经考证，"来鼓"即以鼓报警，是我国古代与烽燧并行的传递报警信息机制。

2700 年前的周幽王时代，已经有了利用烽火台通信的方法。有所谓"烽火戏诸侯"的故事："褒姒不好笑，幽王欲其笑万方。不笑。幽王举烽火。诸侯悉至，至而无寇。褒姒乃大笑。幽王悦，为数举烽火。其后不信，诸侯益不至……待西夷犬戎攻幽王。幽王举烽火徵兵。兵莫至。遂杀幽王骊山下，虏褒姒。"可以窥见利用烽火台传递信息的概貌。

随着社会的发展和政治军事的需要，周代逐步形成了传送各类官府文书的更加严密的驿站制度，并与烽火台互为补充，配合使用。

社会发展到 20 世纪初，随着电报、电话、照片、电视、传真、通信卫星等先进技术的先后出现，信息传递更加方便、准确、迅速、快捷。特别是计算机的出现，随着计算机技术、数据库技术、通信技术、网络技术的迅速发展，信息处理技术进入一个全新的发展阶段。

因此，信息在我们的社会、生产等活动中无处不在，始终伴随着我们。信息贯穿人类社会的发展历史，是人类社会实践的深刻概括，并随着人类的发展进步而不断演变、发展。历史上发生过五次与信息相关的技术革命，推动了人类社会的进步和经济的发展：

1. 从猿进化到人的重要标志——信息交流的手段和工具—语言的创造和使用；
2. 信息产生、传播、存储跨越时间和地域限制——文字的出现；
3. 扩大信息交流和传播的范围和容量，提高信息的可靠性——造纸和印刷术的发明；

4. 突破信息交流、传播的时间和空间限制，提高信息传播速度——现代通信技术（电报、电话、广播、电视等）的发明、运用和普及，标志信息交流、传递手段的根本性变革；

5. 人类进入信息社会——计算机技术的发明、应用，与现代通信技术的结合突破了人类使用大脑及感觉器官加工、利用信息的能力，彻底改变了人类加工信息的手段。

在人类社会进入知识化、数字化的今天，信息已经渗透到我们社会和人类的各个方面，与物质、能源构成了现代社会的三大支柱。

2.1.2　信息的定义

信息一词，最早见于南唐诗人李中的《暮春怀故人》诗：

"……

梦断美人沈信息，

目穿长路倚楼台。

琅玕绣段安可得，

流水浮云共不回。"

诗中所引"信息"一词，可以解释为"音信"、"消息"。诗人在梦中还在回味美人的记忆（美人沈信息）。

同样的词也出现在以后的一些诗词中。如李清照《上枢密韩肖胄诗》："不乞随珠与和璧，只乞乡关新信息。"信息即消息。

"音信"、"消息"不具有现代意义的信息的含义，而是信息的一种形式。古人借助"信息"一词，表达诗人的心情。他们已经知道所谓信息是重要的，可以收集、获取和积累。

英文 information（信息）一词源自于拉丁文 informatio，原意是告知、陈述或消息。但对 information 的认知却是随着人类文明的发展而不断深入，到 20 世纪中叶之后，随着信息获取、传递和处理技术的进步，其蕴涵的科学含义才逐渐揭示出来。

文字、符号、声音、图形、图像伴随人类几千年，随着电报、电话、照片、电视、传真、计算机、通信卫星等先进的承载、传输技术的出现，可以因此而统称为"information"，中文释义为"信息"。

正式提出"信息"的概念 50 多年来，关于信息的定义有上百种之多，它们都从不同的侧面、不同的层次揭示了信息的某些特征和性质，但至今仍没有统一的、能为各界普遍认同的定义。人们会因不同的使用和研究目的，从不同的角度理解、解释和定义"信息"。

现代信息论的奠基人克劳德·香农（Claude Elwood Shannon）在信息论的奠基性著作《通信的数学理论》（A Mathematical Theory of Communication）中把信息定义为信源的不确定性，即信宿（接受信息的系统）未收到消息前不知道信源（产生信息的系统）发出什么信息，只有在收到消息后才能消除信源的不确定性。香农的信息定义是根据信息在通信过程中的作用提出的。

1950 年，信息论和控制论的创始人之一 N．维纳（Norbert Wiener）发表了题为《时间序列的内插、外推和平滑化》的论文和著名的《控制论》一书，将信息定义为：信息是人们在适应客观世界，并使这种适应被客观世界感受的过程中与客观世界进行交换的内容的名称。

不同学科的研究者，从不同的角度解释信息的概念。有些学者将信息的含义解释为狭义和广义：

狭义的信息可以定义为一种消息、情报、文档资料或数据；

广义的信息可以定义为对各种事物的存在方式、运动状态和相互联系特征的表达和陈述，是自然界、人类社会和人类思维活动普遍存在的一种物质和事物的普遍属性。

香农和维纳定义可以归为狭义信息的范畴。

根据 N·维纳的定义，从信息处理角度，可以定义信息是具有属性的、经过加工处理的数据。数据的属性是数据客观存在的特征，描述数据内在的本质和规律。

信息由以下三个基本要素构成：

1. 信源，即信息的主体，是表示具有某种存在方式、运动状态和相互联系特征的源信息。信源反映了事务的客观存在，因此，信源与信源具有不同的内涵；

2. 信宿，即信息的接收者，是对信源的认知和理解；

3. 信道，是信源与信宿之间建立的传递通道。

信息的传播过程可以简单地描述为：

信源→信道→信宿

人类历史上四次信息技术革命，使信息可以利用纸、电子、磁性物质等媒介（信道）传播；第五次信息技术革命，网络空间的信息传播突破了时空和地域的限制。人类进入信息社会，信息表现为多信源、多信道、多信宿。

信息的概念非常宽泛，但具有以下明显的特征：

1. 信息是客观存在的，源于物质世界和人的思维、意识。信息反映了物质的特征、运动状态和内在的规律，反映了人的意识过程。

2. 信息是可再现的。通过识别、搜索、存储、传递、变换、显示、处理、复制等，信息可以独立于物质和思维存在，并再现信息本体。

3. 信息是可共享的。信息是不可或缺的资源，可以收集、生成、压缩、更新和共享，可以根据信息分类设定共享条件。

4. 信息是可以控制的。可以根据信息的使用目的，确定信息处理范畴、处理方法。

2.2 个人信息相关概念

在世界各国与个人信息安全相关的法规、标准中，通常采用三种称谓，即个人隐私、个人数据和个人信息，这与所采取的个人信息保护模式相关，是由法律体系、法律传统和历史习惯决定的。美国采用个人隐私的概念，是基于保护人的自由，强调隐私与自由的平衡；欧盟采用个人数据的概念，是以人格权为基础，基于维护人的人格尊严。

个人信息是可以识别自然人个体的所有数据资料，其外延和内涵更加宽泛。日本、韩国、俄罗斯等国多使用个人信息的概念。个人信息包含个人隐私，当与公共利益无关、与自然人个体相关的个人数据资料不愿公开时，则成为隐私，而个人信息并不完全涉及个人隐私。

2.2.1 个人隐私

Privacy，原意表示隐退、私生活、独处而不受干扰，中文译为隐私。

汉语中"隐私"，包含"隐"和"私"两层含义：

"隐"，蔽也，藏匿、隐蔽。某件事情、某个信息不希望别人知道、干涉，不希望或不便别人介入。《吕氏春秋·重言》中讲了一个故事，很好地说明了"隐"的含义：齐桓公与管仲谋伐莒，谋未发而闻于国，桓公怪之曰："与仲父谋伐莒，谋未发而闻于国，其故何也？"管仲曰："国必有圣人也。"桓公曰："嘻！日之役者，有执蹠癀而上视者，意者其是邪？"乃令复役，无得相代。少顷，东郭牙至。管仲曰："此必是已。"乃令宾者延之而上，分级而立。管子曰："子邪言伐莒者？"对曰："然。"管仲曰："我不言伐莒，子何故言伐莒？"对曰："臣闻君子善谋，小人善意。臣窃意之也。"管仲曰："我不言伐莒，子何以意之？"对曰："臣闻君子有三色：显然喜乐者，钟鼓之色也；湫然清静者，衰绖之色也；艴然充盈，手足矜者，兵革之色也。日者臣望君之在台上也，艴然充盈，手足矜者，此兵革之色也。君呿而不唫，所言者'莒'也；君举臂而指，所当者莒也。臣窃以虑诸侯之不服者，其惟莒乎。臣故言之。"凡耳之闻以声也，今不闻其声，而以其容与臂，是东郭牙不以耳听而闻也。桓公、管仲虽善匿，弗能隐矣。故圣人听于无声，视于无形，詹何、田子方、老耽是也。

桓公、管仲虽善匿，弗能隐矣。谋伐莒，是恒公与管仲二人私下计议、暂时不希望别人知道和参与的事情。但东郭牙听于无声，视于无形。这个故事，给"隐"做了很好的注脚。

"私"，个人的、秘密的、不公开的。《贾子·道术》中"曰：'请问品善之体何如？'对曰：'……兼覆无遗谓之公，反公为私'……"，说的是"反公为私"；《史记·项羽本纪》中"……项王使者来，为太牢具，举欲进之。见使者，详惊愕曰：'吾以为亚父使者，乃反项王使者。'更持去，以恶食食项王使者。使者归报项王。项王乃疑范增与汉有私，稍夺之权。……"，说的是"与汉有私"，不能公开的。

因此，"私者，私欲也"，是纯粹个人的意识，与公共的、公众的利益无关。

在我国的传统文化中，隐私都与"私"有关，如私房、私房钱、私房话、藏私房、私房关目等。"私房关目"，这一文学、戏曲中常用的词语，比较形象地描述了隐私的含义和我国古代对隐私表达的含蓄。《警世通言》第三十五卷"……也是数该败露。邵氏当初做了六年亲，不曾生育，如今才得三五月，不觉便胸高腹大，有了身孕。恐人知觉不便，将银与得贵教他悄地赎贴堕胎的药来，打下私胎，免得日后出丑。得贵一来是个老实人，不晓得堕胎是甚么药；二来自得支助指教，以为恩人，凡事直言无隐。今日这件私房关目，也去与他商议……"。

隐私是不希望或不便别人知道、干扰、涉入的与公共、公众利益无关的私人领域。隐私包含三种基本形态：

（1）个人数据资料。与个人相关的数据，如姓名、年龄、身高、体重、电话、身份证号码、ID 号码等。

（2）个人生活。与公共利益无关的、与个人密切相关的活动，如日常活动、宗教信仰、社交、夫妻生活，以及所有不希望公开的个人活动或事情。

（3）私人生活领域。个人的隐秘空间，包括个人的心理和生理状况，以及属于个人的物品、住宅等。

人类隐私的朦胧意识，产生于人类固有的羞耻心。隐私观念是随着历史的发展和人类文明进程逐渐形成的。远古时期人类的隐私观念，囿于当时的社会、经济、生活、思想，因而非常愚昧、原始，隐私的意识仅限于个人的心理和生理状况的秘密。社会进步到奴隶社会和封建社会，随着私有财产的出现，产生了私密权利的要求，开始形成隐私观念，隐私的内涵融入了包含个人生活和私人生活领域部分内容的原始意识，如住所、私生活等。

在反对封建专制主义的近代资产阶级革命中，资产阶级依据自由、平等、博爱的人本主义思想，逐渐形成了资产阶级的隐私观。这种隐私观渴望和追求私生活的自由，反对他人干扰、干涉、干预个人的私生活权利，包含了与个人隐私相关的基本内容。

随着经济的发展和社会的进步，近代资产阶级提出的人本主义观念进一步发展，从而形成现代意义的隐私观念。

现代意义的隐私观念，是研究如何实施隐私权法律保护的基础。

隐私权是关于隐私的权利，是人的基本权利。隐私权发源于美国，由美国哈佛大学法学院教授路易斯·D．布兰代斯（Louis D. Brandeis）与塞缪尔·D．沃伦（Samuel D. Warren）1890 年在《哈佛法学评论》（Harvard Law Review）发表的著名的《论隐私权》（The Right to Privacy）的论文中最早提出。文章指出："在任何情况下，每一个人都有被赋予决定自己所有的事情不公之于众的权利，都有不受他人干涉打扰的权利，并认为用来保护个人的思想、情绪及感受的理念，就是隐私权的价值，而隐私权是人格权的重要组成部分，媒体和公众往往侵犯这一标志着个人私生活的神圣禁地。"

在这篇文章中，布兰代斯和沃伦把隐私权界定为生活的权利（right to life）和不受干扰的权利（right to be let alone），保障人格的不可侵犯。

20世纪60年代，美国著名的侵权行为法专家威廉·普罗泽（William Prosser）研究了法院200多个侵权行为的案例后，发表了《论隐私权》一文。这篇论文被公认为是隐私权理论的权威之作。在这篇论文中，威廉·普罗泽将隐私权侵权行为分为四种：

（1）盗用（appropriation），指盗用原告姓名、肖像等。

（2）侵入（intrusion），指不法侵入原告的私人生活。

（3）私事的公开（public disclosure of private? facts），指不合理公开涉及原告私生活的事情。

（4）公共误认（false light in public eye），指公开原告不实的形象。

自布兰代斯和沃伦《论隐私权》发表后，隐私权理论得到重视和承认，在众多专家、学者的努力和推动下迅速发展。经过上百年的完善、进步，隐私权理论已经形成较完善的体系，并成为世界各国普遍接受的法律概念。

隐私权的基本权利包括：

（1）隐私知情权。属于个人隐私的、与公共利益无关的所有事情，权利人有权隐瞒。未经权利人允许，不能收集、公开和传播。

（2）隐私控制权。权利人在不违反公共利益的前提下，有权根据个人的需要控制个人隐私的使用，可以利用个人隐私满足自身或他人的精神和物质需要；

（3）隐私选择权。权利人有权根据使用需求和使用目的决定公开或不允许知悉或利用个人隐私。

（4）隐私维护权。公民个人的隐私享有不受非法侵害的权利。在受到非法侵害时，可以寻求司法保护，或要求侵权人停止侵权直至赔偿损失。

"个人隐私"一词来源于美国，在美国现行法律体系中，隐私是内涵和外延非常广泛的概念，已经涵盖了个人、个人生活，乃至社会生活中的所有领域。

在美国现行法律体系中，隐私权主要包括四个部分：

（1）私人财产的隐私。

（2）个人姓名和肖像权益的隐私。

（3）私生活的隐私。

（4）尊重个人不便透露信息的隐私。

美国的个人隐私概念，随着新的问题的不断产生和隐私权观念的发展，逐渐演变为"个人可以支配个人信息的收集、处理和利用"。

与美国属于同一法律体系或受美国影响较大的国家或团体机构，如APEC、加拿大、澳大利亚、新西兰等，在个人信息安全的相关法规中，多采用"个人隐私"的概念。

2.2.2　个人数据

1、2、3……是数据，可能表示数量，文字、符号可能表达一种属性。数据是信息的载体，可以表达事物的属性、数量、位置等及其相互关系。

个人数据是广义的概念，包含已经识别或可以识别的与个人相关的所有资料，并可以被计算机系统识别、存储、加工处理。欧盟及受 1995 年欧盟《个人数据保护指令》（Directive 95/46/EC of the European Parliament and of the Council of 24 October 1995 on the protection of individuals with regard to the processing of personal data and on the free movement of such data）影响的国家，多采用个人数据的概念。《个人数据保护指令》定义个人数据为：与识别或可识别自然人（数据主体）相关的所有信息（personal data shall mean any information relating to an identified or identifiable natural person "data subject"）。其中，可识别的人是指通过身份证号码或身体、生理、精神、经济、文化、社会身份等一个或多个因素可直接或间接确定的特定的自然人（an identifiable person is one who can be identified, directly or indirectly, in particular by reference to an identification number or to one or more factors specific to his physical, physiological, mental, economic, cultural or social identity）。

个人数据主要有：

（1）个人的自然情况，包括姓名、性别、肖像、出生日期、身高、体重、血型、生理特征、住宅、种族、分派给个人的号码（身份证号码、社会保险号等）、标志及其他符号、家庭电话号码、医疗记录、财务信息、人事档案、可识别个人的图像或声音（包括某些单独使用时无法识别，但能够方便地与其他数据进行对照参考，并由此识别特定个人的数据）等。

（2）与个人相关的社会背景，包括受教育程度、工作经历、宗教及其他信仰、政治观点和倾向、社会关系等。

（3）家庭基本情况，包括婚姻状况、配偶、父母、子女等。

（4）其他，如计算机储存的个人资料等。

与个人相关的自然情况、日常生活、家庭、社交、行为等与公共利益无关的个人数据资料反映了个人数据的属性特征。

隐私权是欧盟确立的基本人权之一。欧盟一直在努力促进各成员国之间保护隐私权和保护个人数据的协调和统一。保护个人数据，是为了个人数据在各成员国之间自由、有序流动的安全。显然，个人数据是可以收集、处理、使用的。同时，在《个人数据保护指令》中，将个人隐私浓缩为"敏感数据"，并制定相应的保护原则。

2.2.3　个人信息

根据信息定义，经过加工的数据的属性特征是信息的表示形式，如文字、符号、声音、图形、图像等。

例如，"学校现有 100 名学生"，数据 100 被加工成信息，100 的属性是学校的学生；"张三有 2 个兄弟"，是一条个人信息，2 的属性是张三的兄弟。

个人信息是作为载体的个人数据和经过加工处理的个人数据的集合。个人信息的主体是拥有个人数据的个人。

个人信息主要包括：

1. 个人数据

2. 数据加工处理后的数据

（1）与个人相关的自然情况、日常生活、家庭、社交、行为、私人物品、个人心理和生理等个人资料，经文字描述、记录等加工处理，获得个人的基本认识。

（2）由于信息技术的迅速发展和普及，个人可以拥有并自由使用网络空间中的所有信息，个人数据一经进入网络，也便成为所有网络用户共享的资源。在电子商务、网络空间的各类活动过程中收集、利用、传输、公开个人数据的属性，经文字描述、记录等加工处理，甚至使用数据挖掘等工具，可从中获得唯一的、相关个人的消费习惯、购物偏爱、网络行为分析、网络心理活动等信息，如个人的财务信用状况、信用卡、上网卡、上网账号和密码、交易账号和密码等。这些完全个性化的数据属性，可以确认个人信息的主体。

3. 网上活动的数据资料

以数字化形式记录、存储在相关网站数据库中的个人网络行为，以及他在虚拟空间中所有活动轨迹的描述，如 IP 地址、网站浏览、网上活动内容等。

个人信息定义，与欧盟类似，即"与特定个人相关，并可识别该个人的数据、图像、声音等信息；包含不能直接确认，但与其他信息对照、参考、分析仍可间接识别特定个人的信息"。

采用个人信息的概念，内涵和外延相对宽泛，表述清晰、明确，更可体现个人信息安全的实质。个人信息安全是保护个人数据资料及相关的个人隐私，但不仅限于个人隐私。

个人数据与个人信息相互关联，二者的分界比较模糊，在实践中一般混为一谈。但使用个人数据，易于发生混淆，概念不清，本书不加区分，统称为个人信息。

个人隐私的概念难以明确界定，目前缺乏明确、科学、客观的定义。在保护个人隐私旗号下易于偷换概念，行不法之实。

2.2.4 个人信息的构成

如同物质是由分子和原子组成的一样，个人信息也是由不同的数据元素组成的。这些数据元素是直接或间接识别自然人个体的属性特征。

构成个人信息的基本要素是自然人的基本特征。在识别型个人信息定义模式中，构成可以直接或间接识别自然人主体的个人信息的数据元素包括个人的姓名、性别、出生日期、血型、健康状况、身高、种族、住宅地址、职业、学位、生日、分派给个人的号码、标志及其他符号（身份证号码、社会保险号等）等。这些数据元素均是围绕自然人的基本特征展开的。

数据是信息的载体。数据元素是数据的基本单位，一个数据元素可以由若干数据项组成。数据项是具有个体含义的最小识别单位。构成个人信息的数据元素是描述可直接或间接识别自然人特征的符号，是个人信息的基本单位，由具有独立含义的文字、字符、符号、数字等数据项组成，也可以包括图像、声音等。构成个人信息的数据元素中，如姓名是由文字项组成的数据元素构成，出生日期则是由年、月、日 3 个数据元素组成一个数据单位，数据元素是由数字项构成（见表 2—1）。

表 2—1 数据元素

姓名	性别	出生日期	身份证号码	……	……
张三	男	1980 年 5 月 6 日	××××× 19800506 ××××		
李四	男	1964 年 8 月 5 日	××××× 640805 ×××		
王五	女	1970 年 6 月 3 日	××××× 19700603 ××××		

表 2—1 中每一行是一个或多个数据元素，分别由姓名、性别、年、月、日、身份证号码等数据项组成。

数据的组织形式构成数据的逻辑结构。数据的逻辑结构是数据元素之间逻辑关系的描述。个人信息的逻辑结构，是个人信息的组织形式，描述构成个人信息的数据元素间存在的相互关联的逻辑关系。表 2—1 中自然人张三的出生日期、身份证号码等个人数据与姓名之间存在相互关联、相互依存的逻辑关系，可以根据个人信息主体张三的逻辑关系描述张三个人。因此，与姓名相关联的所有个人数据均依存于姓名，即与个人信息主体相关联。

依据数据元素间相互关联的逻辑关系，可以实施数据运算。在个人信息处理中，一般常用的数据运算包括编辑、检索、修改、删除、更新、排序、插入等。表 2—1 中，当李四的身份证号码升为 18 位时，就需要修改相应的数据元素；为保证个人信息的正确性和完整性，就应随时更新，以保证个人信息的最新状态。

2.2.5 个人信息的特征

隐私权的提出已经有 100 多年的历史，是社会民主法制建设的使然。现代隐私权的理论包含了三种基本形态。个人信息是随着隐私权理论的不断完善和计算机技术，特别是计算机网络系统的发展逐渐凸显并逐步规范的。个人信息的概念是比较宽泛的。世界上许多国家对个人信息做出了法律界定。1995 年欧盟颁布的《个人数据保护指令》关于个人信息（个人数据）的定义精练地概括了个人信息的主要特征。

1. 主体特征

个人信息为个人信息的主体拥有。个人信息主体是其所拥有的个人信息可以作为数据收集、处理的自然人。个人信息主体享有人格权和法律赋予的义务，其所拥有的个人信息是可识别的，并可依据这些信息直接定位于特定的主体。

个人信息主体与个人信息管理者（个人信息使用者、个人信息处理者等）不同。个人信息管理者是合法、有目的、经个人信息主体明确同意收集、使用、处理个人信息的用户，该个人信息的属性并未改变。

个人信息为个人信息的主体拥有，是个人信息的主要特征，也是个人信息保护的重要前提。

（1）主体的认识与实践

现代英语中 Subject（主体）是拉丁语 Subjectum 演化而来，拉丁语又翻译自古希腊语 Hypokeimenon，意为"支撑者"、"在……前面"。在古希腊哲学中泛指一切事物的本源，而不仅仅表示人的属性，与 Subject（主体）的意义是完全不同的。Subject 表示主体，是哲学名词，强调人是事物的主体。由于在西方历史上，长期视拉丁语为"有教养者的语言"，将拉丁语作为表述法律规则和法律命题的"通用语言"，因此，Subject 常用于西方的法律条文中。

汉语中主体是由"主"和"体"构成的名词。"主"意指控制者、财物的所有者、支配者；"体"意指事物的主要部分、事物的本质。"主体"表示事物的载体、控制者，强调"主"的作用，如主体意识、主体地位、主体责任、主体义务及主体价值等。

从哲学角度，主体是对客体有认识和实践能力的、具有复杂结构和进行活动的社会性的人。客体是人在社会实践和认识活动中，感知的与人相关的客观事物和认识对象。人的认识是在实践中逐渐形成的，主体对客体的认识，是主体在实践过程中筛选、整理、解释、设想的过程。

个人信息的主体，同样是具有社会性的从事实践活动的自然人。个人信息的客体，是自然人在社会实践活动中，认知的与个人隐私相关的个人数据资料。客体（个人数据资料）制约主体（自然人）的特征、行为、属性等；主体可以利用客体，达成需要的目的和要求。

人在社会实践和认识活动中，从客体获取信息，经过加工、筛选、整理、改造，逐步感知与个人密切相关的、私人的、非公开的信息，是个人的私密，不希望他人干涉或介入，因为这关系个人的隐私和人格。

如前所述，自然人（主体）对与之相关的个人信息（客体）的认识是随着个人隐私的认识逐渐形成的。在认识过程中，逐渐形成个人信息主体权益的意识。

（2）主体的自然人定义

从民法角度，主体是享受权利和负担义务的公民（自然人）。在欧盟颁布的《个人数据保护指令》中，将个人信息的主体定义为自然人。

自然人是基于自然规律出生并具有民事权利能力的人。首先是基于自然规律出生、具有生物学意义和法理人格；其次是被法律赋予民事主体资格。人作为生命体存在，是人的自然属性，成为法理意义的民事主体，是人的社会属性和法律属性。

自然人与公民是内涵与外延完全不同的两个概念。公民是具有一国国籍的自然人，而自然人则不仅是一国的公民，也包括其他国家公民或无国籍公民，其外延更宽泛。

自然人具有民事主体资格，即具有独立人格，享有民事权利并承担民事义务；享有"人之作为人所应有"的人格权。人格权是以维护人格主体自身的独立人格利益所必备的生命健康、人格尊严、人身自由、个人隐私、个人信息等的各种权利。

人格一词的英文 personality，源于拉丁语 Persona，是指演员在舞台上戴的面具，引申为演员所扮演角色的特征，可以表示为权利义务主体的各种身份。广泛应用于心理学、伦理学、法学等领域中。

我们讨论的是法学意义上的人格，是"人的可以作为权利、义务的主体的资格"（辞海释义），是个体社会化的结果。因此，人格的本质是人的社会性。个人名誉、荣誉、肖像、个人隐私、精神自由等是以人的社会活动和实践为核心的人格利益。

人格决定人格权，实现和维护自然人的独立人格，是人格权存在的基础。人格利益则是人格权的客体。自然人是个人信息的主体，享有独立的人格利益必需的权利和义务。实现个人信息主体的人格，必须尊重个人的自由、尊严和价值，促进个人的发展与完善。

自然人的人格权具有纯粹的人身依附性，不能转让和继承。因此，个人信息主体的自然人属性，决定个人信息的主体是唯一的，依附于主体的属性存在，不能转让和继承，其人格利益也只能由主体唯一拥有。

传统的人格权，包括物质性人格权和精神性人格权。现代社会中，人格权的发展，反映出人格利益的商品化和多元化，又形成了经济性人格权，又称商事人格权。社会的发展、科技的进步，特别是信息技术的发展，使人格利益具有了商业价值和经济利益，促使人格权的维护由消极转向能动，积极追求人格权的控制，以适应信息时代网络隐私权的特点。

权利和义务是对立统一的，没有无义务的权利。人格权的义务主要包括三个方面：

①国家有保护自然人的人格权的义务。人格权是自然人的基本权利，国家有尊重和保护的义务，使自然人的基本权利得以实现。

②自然人在维护自身的人格权的同时，也有义务接受法律允许的监督、审查等。自觉遵守国家的法律和制度，也是人格权的基本义务。

③自然人有义务尊重和保护他人的人格权。人格权是绝对的，不能随意侵害他人的人格权。

个人信息的主体具有自然人的属性，决定了其应承担的义务。例如，在使用个人计算机开发软件过程中，通常状态下，个人计算机中存储的信息的主体是持有个人计算机的个人。但应依法接受管理，不可以利用这些信息进行危害国家安全或公共利益的活动。

2. 可识别特征

个人信息的可识别性，是通过个人信息的内容，经过判断可以确定个人信息的主体。可识别性是个人信息的重要特征，是明确个人信息内容和范畴的客观标准。

识别是国际私法中的一项法律制度，是借助所掌握的知识，对客观存在的事实进行分析判断、归纳推理，揭示其本质和规律的过程。

在国际私法案件中，依据不同国家的法律观念和法律概念，对案件事实定性或归类，会产生不同的处理结果。德国法学家卡恩（Kahn）和法国法学家巴丁（Batin）分别于1891年和1897年提出了"识别问题"，其基本功能是根据特定的案件确定法律适用问题。

在人类的思维活动中，识别是普遍存在的现象。在识别型个人信息定义中，个人信息实践的本质是个人信息主体的识别。自然人（个人信息主体）是具有社会属性的。作为社会的个体，其社会属性是在人与人之间的相互作用和制约中形成的。在作用和制约中，构成了复杂的社会关系。个人信息主体的识别，是为保证个人信息的安全，规范各种社会关系利用个人信息所必需的策略和手段；是对个人信息的客观存在，分析判断、归纳推理，以揭示个人信息的属性。

在个人信息安全领域，识别是确认个人信息主体的逆向认识过程，即首先识别已知的个人数据资料，通过这些数据资料识别主体。在这个过程中，不仅仅确认个人信息的主体，也包含两个相互依存的关系：

（1）个人信息利用目的识别。识别个人信息主体的同时，应明确个人信息使用、处理的目的；明确相关法律的含义，包括个人信息利用的范围；

（2）个人信息质量识别。在识别个人信息主体时，应确认个人数据资料的真实性、完整性、准确性。在个人信息利用目的符合法律规范的前提下，保证个人信息主体的人格权益和主体的唯一性。

在个人信息安全领域中，识别的对象是个人信息的主体，这是基于事实的识别。如前述，识别过程包含两个相互依存的关系，因而，识别的意义在于确认个人信息主体的权利和义务。依据个人数据资料的识别，是识别的手段和方法，识别的最终目的，是明确个人信息主体的人格利益和法律制约。

个人信息主体的识别，分为直接识别和间接识别两类：

（1）直接识别：可以根据个人信息直接确认个人信息主体。个人信息涵盖自然人个体的生物信息（生理的、心理的）、社会的、经济的、家庭的等。在这些个人信息中，根据客观事实可以明确与客观存在之间的关系，即个人信息与个人信息主体之间的关系，是直接识别。如，生物信息、肖像、姓名（在重名的情况下，需借助其他个人数据）、身份证号码等，可以直接识别个人信息主体。

（2）间接识别：与其他个人信息结合识别个人信息主体。在个人数据资料中，某些个人信息单独使用时无法明确识别个人信息主体，但可以通过借助其他个人数据资料对照、参考、判断、分析确定。如职业、学历、习惯、爱好、兴趣等。

3. 价值特征

个人信息的人格利益决定了个人信息是有价值的资源。由于个人信息具有的可识别特性，可以非常方便地了解个人信息主体的个人喜好、生活习惯、个人需求等，从而创造可能的获得价值的机会。

信息的价值在于创造更大的价值。个人信息具有的价值取向是个人信息的显著特征。

（1）自然人的人格利益

自然人是基于自然规律出生的生命体，具有生物学意义和法理人格，享有维护人格主体自身的独立人格利益所必备的生命健康、人格尊严、人身自由、个人隐私、个人信息等的人格权。

人格利益是人格权的客体，是自然人与生俱来的人身权益，与作为民事主体的自然人密不可分。自然人的人格利益由生命、身体、健康、姓名、名誉、荣誉、肖像、个人隐私、人身自由等作为人不可或缺的人格要素构成。

在传统的人格权理论中，更强调人格利益的精神权益的保护。随着社会的发展、市场经济的建立，特别是科学技术的进步，人格利益具有了更多、更直接的商业价值和经济利益，反映出人格利益的商品化和多元化。

自然人人格中包含经济利益、具有商业价值的特定的人格利益兼具人格权属性和财产权属性，是自然人在现代社会经济活动中其人格要素商品化、利益多元化的现实反映。在现代社会经济活动中，社会经济需求的旺盛，促使商业机构为谋求市场价值、商业利益，公然攫取、擅自开发人格要素的财产价值，从而使人格要素的商品化利用成为必然，并将持续。

如前所述，自然人的人格权具有纯粹的人身依附性，不能转让和继承，其人格利益也只能由主体唯一拥有。但是，构成人格利益的人格要素具有财产权属性后，在商业化使用中，其无形的物质性财产权益，可以表现为经济利益。如姓名是自然人的人格要素，是不可转让的。但是，当姓名用于经济活动时，如使用许可、信用投资等，就具有了价值，可以转让或继承。

人格利益的人身依附性，使人格要素的财产权属性与权利主体紧密相连，以主体的人格为存在基础。因此，人格要素的商业化转让，不发生权利主体的权利转让，人格利益仍由主体唯一拥有，只在主体授权许可的范围内，发生人格要素的使用权转让。

个人信息是人格利益的反映，人格要素构成了个人信息的要件。因此，个人信息具有无形的财产权益，具有商业价值。个人信息的商业价值的挖掘，展现的是现代经济社会人格利益的价值特征。

（2）虚拟空间的人格利益

科技的进步和信息技术的迅速发展，计算机网络系统为人类构建了一个巨大的虚拟空间。在这个空间中，任何人都可以以实名（现实生活中的自然人）或匿名（现实生活中不存在，只存在于网络虚拟世界中）方式在网上活动。

虚拟空间拓展了人类生存活动的空间，权利主体在虚拟空间的活动中虚拟化。个人的网络行为和活动、个人网站、电子商务活动、电子游戏活动、电子邮件等在虚拟空间产生的特有的个人信息，以及个人的基本信息等都可以很容易的监控、收集、利用。

在虚拟空间中，自然人主体在网际交往中虚拟化，成为虚拟主体。虚拟主体具有双重性——虚拟空间的虚拟属性和自然人属性，虚拟属性的实质是自然人属性。

虚拟的网络空间使网络的存在形式是无形的，虚拟主体可以以各种形式参与网络活动。但虚拟主体的网络行为，是虚拟主体背后的真实的自然人的真实行为的体现，它反映了自然人的意识、意志。虚拟主体的虚拟个人信息，是自然人意志的体现。如虚拟网名，是自然人专有的虚拟主体身份，可以根据自然人的意愿更换或转让。虚拟主体与真实的自然人是不能割裂的。因此，虚拟主体仍体现出自然人的人格权益。

如前所述，自然人的人格权的客体是自然人的人格利益，由生命、身体、健康、姓名、名誉、荣誉、肖像、个人隐私、人身自由等人格要素构成，是自然人的基本利益。在虚拟空间中，虚拟主体人格权的客体是虚拟主体的人格利益和自然人的人格利益的重合。虚拟主体的人格利益是真实主体的人格利益在虚拟空间中的映射和延伸。虚拟客体的双重性，具有自我、自由、创新、独立的特征。

由于虚拟客体的双重性，虚拟主体的网络行为所产生的个人信息，如在网上购物中提交的个人数据资料，可能对商家、经营者等产生经济利益，带来商业价值。因此，虚拟客体的人格要素具有财产权属性。但在虚拟空间中产生的个人信息，是一种无形财产，也不存在权利主体的有形占有，它依附于权利主体，其权利是不可转让的。

虚拟空间中，虚拟主体的个人信息是真实的自然人的人格利益的体现，其商业价值的挖掘，同样是现代经济社会人格利益的价值特征的展现。

2.2.6 个人信息的属性

自然人是基于自然规律出生的、具有生物学意义和法理人格，并被法律赋予民事主体资格，具有人的社会属性和法律属性。因此，自然人所具有的基本特征构成了个人信息的基本要素。

根据自然人的定义，个人信息也具有了不同的属性。一个自然人的个人信息主要包括个人的自然情况、与个人相关的社会背景、家庭基本情况，以及加工处理后的数据等。

个人信息的属性可以分为两类：

首先是自然人（个人信息主体）的自然属性和自然关系的继承。自然人作为生命体存在，其所具有的生物信息，如指纹、手纹、虹膜、语音、面部、DNA，以及其人伦关系，是人的自然属性。这些生物信息是自然人的基本特征，构成个人信息的基本元素。

生物特征是与生俱来、独一无二的，生物特征外部形态的信息化处理，促进了生物信息的大量应用。自然人的自然属性，使人的生物信息具有明显的法律特征。例如，采集头发、唾液、血液、皮肤等任一处人体细胞，使用 DNA 检测技术，就可以记录自然人的生物遗传特征，并据此识别特定的个人。采集、处理过程，存在着相应的法律关系。

生物信息的唯一性和不变性，保证个人信息主体的可识别性，是个人信息的基本属性。

其次是自然人（个人信息主体）的人格特征的反映。自然人是法理意义的民事主体，具有独立的人格，其本质是人的社会属性和法律属性。人格特征反映了自然人在社会活动和实践中的社会地位、社会关系以及所扮演的角色。

社会属性是基于自然属性形成的，是人作为社会一员所具有的形态和特征。作为社会的个体，自然人人格的社会属性除先天遗传因素外，是在人与人之间的相互作用和制约中逐渐形成的。

法律属性则是自然人基于法理意义的民事主体应有的权利和义务。作为社会的个体，自然人人格的法律属性是自然人的主体资格及应享受的民事权利和应承担的法律义务。

反映人格特征的个人信息主要包括基于个人的基本特征展开的自然情况、家庭关系、社会背景以及个人名誉、荣誉、肖像、隐私、精神自由等，也包括在社会活动中留存于各种公共领域的各种信息，如户政信息、医疗信息、纳税信息、学生信息等。

社会属性和法律属性是人格特征的本质，在社会实践和活动中，可能以各种不同的形式呈现，是个人信息的另一种属性。

属性之间是相互关联的。自然属性是社会属性的基础，又依存于社会存在，在社会活动和社会实践中，逐渐融于社会。因而，个人信息的属性是相互制约又相互依存的。

2.2.7　个人信息的分类

在现代社会，个人信息呈现出多样性、复杂性，内容广泛。根据不同的标准，可以划分不同的类别。如前述直接识别和间接识别，就是一种分类标准。

1. 个人信息类别

个人信息按照不同的标准可以有许多不同的类别，这些类别反映了不同信息的形态、内涵和外延，在个人信息识别中，构成可信、受控的识别因子。

个人信息类别大致分为：

（1）单一信息和组合信息。在个人信息构成中，单一数据元素可以称为单一信息，如姓名；由多个数据元素构成的数据单位，可以称为组合信息。在许多情况下，仅依据单一信息，可能难以识别个人信息主体，如果由若干单一信息构成组合信息，则可以具有很强的识别功能。例如，个人信息主体的姓名可能产生重名，需要与其出生日期、家庭情况、住址、职业等组合，甚至与血型、基因等组合，通过综合分析，识别个人信息主体。

（2）显性信息和隐性信息。易于识别的个人信息可以称为显性信息，如个人的明显的身体特征等；隐性信息则是需要收集或采用某些技术手段才能获取的个人信息，如血型、基因图谱等。

（3）静态信息和动态信息。静态信息是个人信息主体已经存在的，或过往的、历史的信息，如个人信息主体的学习经历；动态信息则是个人信息主体当前的信息，如个人信息主体的社会活动、收入与支出等。

（4）真实信息与虚拟信息。这是指存在于现实世界中的个人信息主体的真实的信息和存在于网络虚拟世界中的虚拟的信息。真实信息与虚拟信息反映了个人信息主体及其人格利益的二重性。

个人信息还可以根据不同的标准分为许多类别，例如，根据个人信息利用方式不同，可以分为户籍信息、人事信息、医疗信息、保险信息、信用信息等，但大多数个人信息可以归到上述类别中。

2. 公开信息与隐秘信息

个人信息是可以直接或间接识别个人信息主体的信息，具有法律属性，且与人格利益密不可分。因此，个人信息具有私密性，一般不为人所知。

但是，个人信息也具有社会属性，是人作为社会一员在社会活动中形成的。在人与人、人与社会的交往中，了解、掌握、利用个人信息是不可避免的。

通过特定、合法的途径，了解、掌握、利用个人信息，是明确目标的公开获取。以此为标准，个人信息可以分为公开的和隐秘的。

我们在社会活动、社会实践中，因各种原因可能向社会公开某些个人信息，如在学校留存的学籍信息、在医疗机构留存的医疗信息、在公安机关留存的个人信息、在工作单位留存的人事信息、在银行留存的个人账户信息等。这些信息多数是由当事人（个人信息主体）自己书写的，是基于明确的目标、合法的途径公开获取的。

信息技术的普及，人们利用网络进行网上通讯、网上购物、网络注册等活动时，可能将某些个人信息，如姓名、身份证号码、电子邮箱地址等存储到相应的网站中，这同样属于公开信息。

但是，公开信息不等于可以随意使用。披露个人信息必须经个人信息主体明确同意。所留存个人信息的政府机关、单位、网站等负有管理和保护的责任，却不具有个人信息的所有权，不能随意披露，侵犯隐私权。

与公开信息对应的是隐秘信息。隐秘信息是人们在社会交往中，不为人了解、不向社会公开的个人信息，如身体缺陷等；在网络虚拟世界中，虚拟主体的真实信息是相对隐秘的。

3. 自动处理和非自动处理

随着信息技术的普及，计算机网络系统作为信息传输、信息处理、信息交换的工具，越来越多地用于信息收集、下载、加工处理或其他用途。国际互联网络（Internet）上储存、流动着大量的、种类繁多的各式信息，个人、政府、法律和国家安全机关、团体、各种商业组织等都可以根据自己的意愿和目的，通过各种各样的方法或途径，利用这些信息。

计算机系统按照一定的目标和规则进行信息处理。目标是根据应用目的、环境因素等诸多条件，按照确定的规则设定的；规则则是执行目标需要遵循的规范。基于不同的应用目的，信息处理的目标是不同的。个人信息保护的目的，是保护个人的隐私不被他人非法侵犯、知悉、收集、利用或公开的人格权；而"网络钓鱼"的目的，则是利用欺骗性的电子邮件和伪造的 Web 站点进行诈骗活动。

个人信息自动处理是利用计算机系统及其相关和配套设备、计算机网络系统，按照一定的应用目的和规则进行个人信息的收集、加工、存储、传输、检索、咨询、交换等业务。

由于仍有许多个人信息的处理尚未实现自动化，如指纹、声音、照片等，与自动处理的个人信息具有同等的意义和价值。因此，个人信息的非自动处理应是按照一定的应用目的和规则，人工进行信息收集、加工、存储、传递、检索、咨询、交换等业务。

4. 敏感信息和琐碎信息

个人信息包含个人隐私，体现了个人信息主体的人格利益。如前所述，人格利益是由生命、身体、健康、姓名、名誉、荣誉、肖像、个人隐私、人身自由等作为人不可或缺的人格要素构成。除此以外，人格利益还包括一些特殊的人格要素。因此，个人信息是否涉及特殊的个人隐私，可以作为个人信息的一种分类——敏感信息。

英国《数据保护法—1998》将这些特殊的个人信息定义为敏感的个人数据，并将敏感的个人数据定义为，由"数据主体的种族或种族起源、政治观点、宗教信仰或其他类似的信仰、工会所属关系、生理或心理状态、性生活、代理或宣称的委托代理关系，或与此有关的诉讼，以及诸如此类的信息组成"。

一般来说，敏感个人信息包括个人信息主体的：

(1) 思想、宗教、信仰、种族、血缘信息；

(2) 人权、身体障碍、精神障碍、犯罪史及相关可能造成社会歧视的信息；

(3) 政治权利、政治观点的相关信息；

(4) 健康、医疗及性生活的相关信息等。

显然，敏感信息是人所具有的特殊的隐私私密。在个人信息安全领域，敏感个人信息禁止自动处理。

还有一类个人信息，称为琐碎个人信息（Trivial Personal Information）。

英文 trivial，意为琐碎的、不重要的。琐碎的，即细小、零碎的。在个人信息安全理论中，表示零散的、不重要的、如散碎纸片一般的，或散见与各处的个人信息。

琐碎个人信息可能不会涉及个人隐私，但如果认真、精心收集、整理琐碎个人信息，也有可能拼接、组合成相对完整的个人信息。如同初玩拼字游戏，最终总有可能拼出完整的单词。然而，这种拼接经常是不完整的、质量残缺的，极易侵害个人信息主体权益。

个人信息分类还可以有许多标准，如根据个人信息的属性，可以分为人的自然属性信息或体现人格利益的信息；根据识别方式，可以分为直接识别和间接识别等。

2.2.8　网络隐私权

由于信息技术的迅速发展和普及，个人可以拥有并自由使用网络空间中的所有信息，个人数据一经进入网络，也便成为所有网络用户共享的资源。由此伴生出威胁个人隐私，特别是个人信息的新的问题，并由此产生了网络隐私权的概念。

在科技高度发达的今天，大量的个人数据资料经由计算机系统处理后，得以迅速传播和利用。公民因公共或私人利益、法律关系等留存于公安、银行、学校、医院、工作单位等的个人信息储存在计算机中；实名或匿名网上登录的个人信息等，一经曝光，可能威胁个人隐私，侵犯公民的人格权。

因此，网络隐私权与传统隐私权的概念是一致的。网络空间是虚拟的，如同现实世界一样，进入网络空间的个人，可以拥有自己虚拟的生活领域，可以自主确定个人隐私的使用、处理和控制。在网络空间中，虽然个人不享有个人隐私依附的存储设备的所有权，但个人隐私的存储空间属于虚拟世界中个人生活领域，享有个人隐私的权利。

个人在网络空间中的行为，可以是公开的，如以实名方式开设博客发表文章，也可以是隐秘的，如 e－mail 等，个人依自己的需要和意愿搜索、浏览、下载、信息交流、交易等，与公共利益无关，限定在网络隐私的范畴内。

因此，网络隐私权是个人在网络虚拟空间中生活安宁的权利和个人信息不被非法利用、收集、公开的权利；同时，个人能够控制和支配个人隐私的使用，决定个人生活和个人信息的现状、目的、范围等。网络隐私权具有传统隐私基本权利的特征。

网络隐私权是传统隐私权在网络空间中的延伸，表现形式多为个人信息的收集、使用、利用。在网络空间中，个人信息是个人隐私的数字化形式。因此，网络隐私权的核心是个人信息的保护。

与传统隐私权相比，网络隐私权具有明显的特征。其主要特征包括：

（1）网络隐私权的环境是互联网络或接入网络。个人的网络行为和活动、个人网站、发布信息、电子商务活动、电子邮件等产生的个人信息都可以很容易地采用现代信息技术手段监控、收集、利用。

（2）传统的隐私权的主体是自然人。网络隐私权的主体，不仅仅是自然人。网络是一个虚拟空间，任何人都可以以实名（现实生活中的自然人）或匿名（现实生活中不存在，只存在于网络虚拟世界中）方式在网上活动。如我们在网上购物时，提交的是真实的个人资料，隐私权的主体是自然人；而在网络聊天室中，聊天者隐藏了自己的真实身份，隐私权的主体是聊天者，同时也是聊天者以虚拟身份登录的虚拟个体。因此，网络隐私权的主体是双重的。

（3）传统隐私权的客体是与自然人相关的私人领域。网络隐私权的客体同网络隐私权的主体一样，也包括虚拟世界中虚拟个体的个人信息和私人领域。如在网络游戏中，玩家所扮演的角色，其隐私包括虚拟个体的数据资料、游戏世界的私人财产等私人领域，同样主张权利。因此网络隐私权的客体也是双重的。

虚拟个体的隐私权具有自然人的属性，因此，网络隐私权仍是对自然人个体隐私的保护，特别是可识别自然人个体的个人信息的保护。

2.3　个人信息拥有者

个人信息是可直接或间接识别的关于自然人个人的数据资料。个人信息的表现形式和存在方式是各不相同的。当个人信息处于原始状态，未予收集、处理、使用时，表现为个人隐私，为自然人个人拥有；当个人信息被收集、处理、使用时，由于收集、处理、使用个人信息者的目的、范围不同，使个人信息的表现形式和存在方式出现差异。因而个人信息的拥有也表现为不同形式。

2.3.1　个人信息主体

个人信息主体（Personal information subject）是可根据某些特定的个人数据资料识别或间接识别的拥有个人信息的自然人。

根据个人信息的主体特征，个人信息主体是基于自然规律出生、具有生物学意义和法理人格，并被法律赋予民事主体资格的自然人。自然人与生俱来的个人信息，包括生理的、心理的和智力的，以及在社会实践中形成的个人信息，包括社会的、经济的、家庭的等与自然人个体紧密相关，为个人信息主体基于其生物学意义和法理人格所唯一拥有。

自然人具有独立的人格，享有维护人格主体自身的人格利益所必备的生命健康、人格尊严、人身自由、个人隐私、个人信息等人格权。人格利益是人格权的客体，是以自然人的社会活动和实践为核心的。因此，个人信息安全是自然人人格权的延伸，个人信息安全就是保护个人信息主体的人格利益。

个人信息依附于自然人存在，其主体是唯一的，人格利益也具有唯一性，不能继承和转让。在收集、使用、处理其所拥有的个人信息的过程中，个人信息主体可以主张自己的人格权益，保护人格利益。

在个人信息收集、处理、利用的过程中，个人信息主体主张并享有的权利表现为对个人数据资料的知悉、支配和控制，个人信息主体可以依据自己的意愿自由行使权利，以在法律允许的范围内实现并保护个体利益。个人信息主体知悉、支配和控制的权利主要包括：

（1）确认个人信息是否以明确的、易于理解的形式记载。在个人信息收集、管理、保存、处理、使用过程中，必须以明确、易于理解的形式记录，便于个人信息主体确认、修正、更新，也便于个人信息的提取、拷贝。

（2）确认个人信息的保存形式。个人信息以文档形式保存，或保存在个人信息数据库中，个人信息主体可以随时地、无限制地确认个人信息的保存形式、保存的目的、利用情况、安全性等。

（3）个人信息修正。如果个人信息不完整、不正确，或需要更新，个人信息主体有权适当修改、删除、完善，以保证个人信息的质量和最新状态。

（4）疑义和反对。个人信息主体对与个人相关的个人信息的利用目的、处理过程等有权提出疑义或反对意见；如果利用目的、处理过程等侵害了个人信息主体的权益，或个人信息主体认为有必要时，有权提出撤消所保存的相应的个人信息。

2.3.2　个人信息管理者

个人信息管理者（Controller of personal information）是基于特定的目的，经个人信息主体明确同意、委托、授权、收集、占有、保存、管理、处理、利用个人信息的组织、机构或个人，如政府、机关、事业团体、企业等。个人信息管理者可以合法拥有个人信息主体的个人信息，但不发生权利转移，即个人信息所具有的人格权益，不能转移。

个人信息管理者是个人信息管理活动的主体，具有管理主体的权利、义务、责任、目标，体现了与个人信息主体互动的过程。个人信息管理者的职能主要包括：

（1）组建个人信息管理机构，由深刻理解个人信息安全、具有相应的实际管理能力的人或一群人组成。

（2）确立个人信息管理目标，制定个人信息安全规划。

（3）赋予个人信息管理机构相应的职责。

（4）确定与个人信息管理相关人员的能力和责任。

（5）计划、监督个人信息管理活动的实施。

（6）实施过程改进。

个人信息管理机构必须具有实际的权力和责任，仅有权力而无责任，可能造成权力失衡；仅有责任而无权力，则责任是空泛的，难以达成个人信息安全的目标。

个人信息管理者作为管理主体，其权利和义务主要包括：

（1）权利保障。个人信息管理者必须保障个人信息主体的权利，维护和实现个人信息主体的人格利益。

（2）目的明确。个人信息管理者必须保证个人信息处理、使用的目的与个人信息主体的意愿一致，不能超目的、超范围处理、使用。

（3）安全和保密。个人信息管理者必须对个人信息处理予以保密，并对个人信息处理、使用过程中的安全负责。

（4）告知义务。个人信息管理者应将个人信息的利用目的、处理方式、个人信息主体的相关权利等事项告知个人信息主体。

（5）质量保证。个人信息管理者必须保证收集、处理、使用、管理的个人信息的准确性、完整性和可用性，并保持个人信息的最新状态。

（6）管理的权力。个人信息管理者获得个人信息主体的授权，依法管理合法拥有的个人信息及与之相关的活动和行为，保证个人信息的安全。

个人信息管理者可以细分为个人信息使用者、个人信息处理者、个人信息提供者等不同类别，具有同样的管理职能，负有相同的权利和义务。

2.4 个人信息处理

处理是汉语言常用的词汇，如处理日常事务。"处"的本义是中止、停止，可以引申为存在；"理"的本义是玉石的纹路，可以引申为规律、原则。处理可以解释为对已经存在的事务，按照其规律或设定的原则处置、安排等。

个人信息处理是收集、加工、编辑、存储、检索、传输、交换等的自动或非自动个人信息处置活动，以及提供、委托、交易等其他利用个人信息的行为。个人信息的处理过程体现了个人信息被使用的整个流程，是个人信息保护的核心。

在个人信息处理活动中，一些活动是需要特别关注和强调的：

（1）个人信息收集是一种处理形式，也个人信息安全的源头，必须强调个人信息收集的安全，保证个人信息来源的准确、完整、质量可靠。

（2）个人信息利用也是一种处理形式，如提供、委托、交易等。在我国特殊的社会生活、经济交往中，利用是个人信息泄露、滥用的温床，有必要特别关注。

2.4.1 个人信息收集

在世界各国个人信息保护相关法规中，一般采用"收集"（collection）表述获取个人信息的方式。

英语中有不少表达"收集"、"聚集"等含义的词汇，如 gather、accumulate、collect 等。其中，collect 多用于表示"物"的收集，侧重于表达有计划、有目的、有选择、有区别地收集零散物之意。collection 是 collect 的名词形式。根据词义的表达和个人信息保护的实践，在个人信息保护相关法规中，采用 collect 表述，体现的是从个人信息主体人格权益的角度，保护个人信息，比较贴近个人信息获取过程的本质。

日本的个人信息相关法规中，获取个人信息采用"しゅとく（取得）"表述。"しゅとく（取得）"的词义与 collect 有所不同。日本デイリーコソサイス和英辞典释义为"取得する：acquire；obtain"。

英文 acquire 含有"获得"、"取得"、"得到"的词义，侧重表达获得某种"物"，如知识、技术等，是通过不断的、持续的努力实现的，或经日积月累的过程，逐渐获得。

英文 obtain 是比较正式的用词，强调经过努力或付出代价，获得所需要的、所选择的"物"。

在日语中，单纯从词义解释，与 collect 对应的词是"收集"（しゅうしゅう）。日本デイリーコソサイス和英辞典的释义是"收集する：collect；gather；glean"。

显然，"しゅとく（取得）"的词义，与 collect 比较，前者更注重获取个人信息的"过程"和"积累"，后者则注重获取个人信息的属性。然而，按照日语的文法习惯，在个人信息相关法规中使用"しゅとく（取得）"仍然含有 collect 的词义。使用"收集"（しゅうしゅう）一词，不足以阐明获取个人信息的本质。

采用"しゅとく（取得）"表述，与采用 collect 表述一样，同样注重从个人信息主体的人格权益的角度保护个人信息。如日本《个人信息保护法》第一章第三条（基本理念）所载"应当在尊重个人人格理念下慎重处理个人信息，有关方面必须设法正当处理个人信息"（個人情報は、個人の人格尊重の理念の下に慎重に取り扱われるべきものであることにかんがみ、その適正な取扱いが図られなければならない）。这一理念，表述的是《个人信息保护法》通篇贯穿的从保护个人的人格权益的角度保护个人信息。

日语文法与英语文法迥异，与汉语文法也存在差异。日语的汉字词汇可能与汉语词汇相同，但很多词与汉语词义不同，不能简单地望文生义。日语中"取得（しゅとく）"是在个人信息保护语境中，表述个人信息保护的本质，与英文 collect 是一致的。

在汉语中，收集是由"收"和"集"两个词组成。我国汉代训诂著作《小尔雅》广言篇中，称"收，敛也"，聚集、收集之意；集，在古代汉语中亦有聚集、收集之意。收集即是将零星分散的东西聚集起来。

按照国人的文法使用习惯，使用"收集"表述聚集、获取时，往往带有目的性、计划性、选择性。因此，"收集"比较贴近 collect 的英文原意。

个人信息收集是基于自然人的人格权益，有目的、有计划、有选择地对特定个人采集信息的过程和行为模式。

2.4.2　个人信息利用

利用强调目的性、功利性。个人信息利用是基于某种利益使用个人信息的行为或活动，即基于某种明确的目的，采用各种方式、方法，为获取个人信息的效能使用个人信息的行为或活动。个人信息利用主要包括提供、委托、交易等。

1. 提供

提供是提出可供参考或利用的意见、资料、物资、条件等（新华字典）。

在个人信息提供中，存在三方相互制约的关系，包括个人信息主体、个人信息管理者和第三方个人信息管理者（个人信息接受者）。个人信息提供是个人信息管理者将合法拥有的个人信息主体的个人信息，以各种形式提交、供给第三方使用。

个人信息管理者对合法拥有的个人信息主体的个人信息负有责任和义务，因而，提供第三方使用时，附带相应的责任和义务。

2. 委托

委托是当事双方约定一方委托另一方处理事务，另一方同意为其处理事务，如服务外包。在委托合同关系中，接受委托方称受托方，委托处理事务方称为委托方。在服务外包中，发包方可以称为委托方，承包方可以称为受托方。

个人信息委托是一种特殊的提供行为，以委托合同形式施行。个人信息管理者在特定、明确、合法的目的范围内，经个人信息主体同意，委托第三方处理、使用个人信息。个人信息委托包括几种形式：

（1）委托第三方收集、处理个人信息；

（2）在委托业务中涉及相关个人信息；

（3）委托方接受委托后（与个人信息相关）的再委托行为。

个人信息管理者对合法拥有的个人信息主体的个人信息负有责任和义务，因而，个人信息委托同样附带相应的责任和义务。

3. 交易

交易是一种市场行为，既要承担因此产生的风险，也享有相应的利益。个人信息交易是以个人信息为标的物的交易，交易双方必须存在权利、义务关系，即必须履行个人信息管理者的责任和义务，保证个人信息的安全。

个人信息交易行为包括：

（1）基于某种利益关系的个人信息交换行为；

（2）基于某种利益关系的个人信息买卖行为。

个人信息的利用，有学者定义为"转移"（同等采用最近颁布的国际标准，如 ISO 29100 等的定义）。基于我国特殊的国情和文化传承，个人信息的价值特征驱动个人、商业机构等不遗余力地攫取，造成目的不同、利益相同的各种个人信息利用方式。因而，在个人信息安全中，"转移"是行为的转换或改变，即个人信息管理者的转换，或管理行为的变换，责任和义务是不确定的；"利用"则由于其目的性和功利性，必须附带责任和义务。转移不能精确传递基于利益使用个人信息行为的要义。

2.5 个人信息数据库

数据库技术是计算机软件与理论学科的一个重要分支，研究如何存储、使用和管理数据，主要包括数据收集、数据存储、数据传输、数据处理、数据输出等几个方面，是为解决特定的任务，以一定的组织方式，按照数据结构组织、存储相关数据的集合。

由于社会、行政、经济活动的需要，政府、机关、事业团体、企业及商业机构大量收集、储存、积累个人信息，形成各具不同目的和应用的、保管个人信息的"仓库"，并可根据需要管理、处理和使用，可以称之为个人信息数据库，其存在方式是纸、电子、磁、网络等媒介。

如政府、机关、事业团体、企业的人力资源部门，通常将员工的个人信息（姓名、年龄、性别、籍贯、工资、简历等）以表的形式存放，这张表可能是一张纸质文件，也可能是数据库系统中的一个表单。多张、多重表即形成个人信息数据库，可以利用计算机系统自动处理，也可以采用人工方式处理。

个人信息数据库不是技术层面的数据库概念。个人信息管理者将收集到的个人信息，根据特征、类别，按照一定的方式存储，构成综合的个人信息数据库。收集方式可以是电子的、网络的，也可以是纸质文件的。根据综合数据库反映出的不同的自然人群的个体特征和个人信息处理目的，对个人信息采取不同的处理方式，满足不同的个人信息管理者的需要。个人信息收集愈详尽，个人信息处理和利用的空间愈大，增值潜力也愈大。各种机构、网站采用各种方式主动地、被动地、尽可能详细地收集个人信息。通过对个人信息数据库的分析，获得更多的个人信息主体未透露的信息，进一步深度开发个人信息。通过个人信息数据库，可以多次、无限制地反复处理、利用个人信息，重复获得倍增的经济利益。例如，房地产商拥有详细的购房人的个人信息，这种个人信息综合数据库可能是非商业的，是为便于与购房人之间的联系。如果房地产商提供给其他不同的商业机构使用，购房人就可能难以摆脱房屋装修、家具制造、家用电器、房屋中介等不同商品经销商的纠缠，甚至，商业机构可以分析出购房人的习惯、爱好等，以便获取更大的利润。

2.6 个人信息保护体系

英文 system 来源于古希腊语，是由部分构成整体之意，可以译为体系或系统，是同一的解释根据不同环境的不同称谓。

体系（或系统）是具有特定功能、由相互关联的若干要素构成、可以实现预定目标的有机整体。要素与要素、要素与体系、体系与环境之间相互作用又相互依赖。根据定义，体系具有以下特点：

（1）体系是由两个或两个以上要素组成；

（2）要素之间相互关联，以保持体系的相对稳定；

（3）体系具有一定的结构，以保持体系的有序性；

（4）体系具有特定的功能。

任何体系都是一个有机的整体，它不是各个要素的机械组合或简单叠加，各个要素的有机整合构成体系整体性能。体系中的各个要素不是孤立存在的，每个要素在体系中都发挥着特定的作用。要素之间相互关联，构成不可分割的整体。如果将要素从体系整体中割离出来，它将失去要素的作用。

ISO 9000 质量管理体系提出了质量管理八项原则，其中，原则 5 是管理的系统方法："将相互关联的过程作为系统加以识别、理解和管理，有助于组织提高实现目标的有效性和效率。"针对既定的目标，识别、理解并管理一个由相互关联的过程所组成的体系，有助于提高企业的有效性和效率。

ISO 9000 族标准为建立和实施企业的质量管理体系构建了一个过程模式。此模式把管理职责、资源管理、产品实现、评估、分析与改进作为体系的四大主要过程，描述其相互关系，并以顾客要求为输入，提供给顾客的产品为输出，通过信息反馈来测定顾客的满意度，评价质量管理体系的业绩。

ISO 9000 族是普适的标准。个人信息安全管理，包括确立个人信息安全目标，制定个人信息安全方针，建立个人信息管理机制、保护机制、安全机制，以及质量管理、过程改进等诸多要素，是个人信息管理者计划、组织、协调、控制个人信息安全的管理活动，这些活动不是孤立、割裂的，是相互关联又相互制约的。为实现个人信息安全目标、方针，充分、有效地开展保障个人信息安全的各项活动，约束个人信息管理者的行为，必须建立相应的管理体系，即个人信息保护体系。

个人信息管理者内现存各种管理体系，如质量、安全、环境等，整合各种管理体系，确立一个总的管理方针和目标、一体化的体系文件、一体化的审核和管理评审，消除多个管理体系形成的多个方针、多个目标、多套体系文件、多次审核和管理评审等是大势所趋，但是在目前情况下短期内难以实现。因而，个人信息安全管理必须首先构建个人信息保护体系，若将体系的各个要素分散于各个独立体系中是不现实的，势必削弱个人信息安全管理的力度，增加管理风险和成本。

2.7　个人信息安全

我国几千年的传统观念，更强调群体的和谐，强调个人的正直、磊落、大公无私，所谓"慎独"、"君子坦荡荡"，忽视个人隐私权的尊重。西风东渐，随着西方文化对我国传统文化的影响、社会经济的发展、信息技术等高科技的进步，我国个人信息安全的紧迫性、重要性日益凸显。

个人信息安全是信息安全领域一个新兴的分支，是由于人与人之间的沟通，随着科技的进步，愈加依靠高科技的工具，个人隐私也逐渐暴露在公众面前。特别是信息技术的飞速发展，大量涉及个人隐私的信息，可以轻易地随时从网上获取，从而引发新的个人隐私的安全危机。

个人信息安全可以涵盖的范围，包括国家政治、军事、经济等所涉及个人信息机密的安全，以及行政机关、公检法系统、公共服务机构、企业等各类组织管理的个人信息、个人掌握的其他个体的个人信息等。信息时代，个人信息安全的关键是高科技环境，特别是网络环境下个人信息的保护。

个人信息安全是对基于特定、明确和合法目的，收集、保存（存储）、管理、处理和使用个人信息采取相应的安全管理措施，并建立安全管理机制，监控个人信息安全管理措施的实施，不因偶然的或者恶意的原因，使个人信息受到损毁、泄露、丢失等不法侵害，保障个人信息的质量。

个人信息安全是综合性的新兴学科，涉及计算机科学、网络技术、通信技术、密码技术、信息安全技术等学科，以及管理学等软科学领域。广义上，凡是与个人信息的安全性、准确性、完整性、可用性、真实性和可控性相关的技术、理论和实践都是个人信息安全的研究领域。

个人信息安全包括以下目标：

（1）真实性。确定个人信息来源于个人信息主体、合法拥有个人信息的个人信息管理者，鉴别伪造来源的个人信息。

（2）准确性。确定个人信息与其个人信息主体的符合性，鉴别伪造的和不正确的个人信息。

（3）完整性。确定个人信息与其个人信息主体的一致性，防止个人信息被非法篡改。

（4）时效性。确定个人信息与其个人信息主体的最新状态一致，防止不能体现个人信息主体最新状态的个人信息的滥用。

（5）可用性。保证合法的个人信息管理者可以依明确的目的和个人信息主体的授权，根据需要随时使用个人信息。

（6）不可抵赖性。建立有效的责任和管理机制，防止个人信息使用者否认其行为。

（7）可控制性。个人信息主体和个人信息管理者可以控制个人信息的处理、使用。

（8）可审查性。对个人信息安全事件提供调查、处理的依据和方法。

第3章 个人信息管理机制

个人信息管理机制是个人信息保护的组织保障，构建个人信息保护管理体系，完善个人信息管理机制，为个人信息主体提供规范、安全、可靠的服务。

3.1 管理概述

3.1.1 管理的概念

管理，从字面上讲就是管辖、处理的意思。按照《世界百科全书》的解释，管理就是对工商企业、政府机关、人民团体，以及其他各种组织一切活动的指导。目的是合理地组织人力、物力、财力，使每一个行为或决策有助于高效率地实现既定的目标。从管理所具有的普遍意义上讲，凡是存在人群的地方，需要共同工作和生活的领域都存在着管理。对现代管理一词，由于人们的认识角度不同，有着不同的理解。常见的是从管理的职能来理解，认为管理是由计划、组织、领导、控制所组成的一种职能活动，是指一定组织中的管理者，通过实施计划、组织、领导、控制等职能来协调他人的活动，使别人同自己一起实现既定目标的活动过程。管理学各学派对管理的解释不尽一致，诸如"管理是一种经营活动"、"管理就是随机应变"、"管理就是用数学模式与程序来表示计划、组织、控制、决策，求出最后解答"等。

管理是一种过程，是在特定的环境下，对组织所拥有的资源实施有效的计划、组织、领导、控制，实现组织既定的目标的过程。

管理是一种社会现象或文化现象，其存在的载体是一个组织。它具有两个必要条件：

（1）存在两人以上的集体活动；

（2）有既定的目标。

管理的主体是组织的管理者，他具有三个职能：

（1）管理组织；

（2）管理管理者；

（3）管理组织的业务和员工。

管理包含五个要素：

（1）人，即管理的主体和客体；

（2）物，包括管理客体、手段和条件等；

（3）信息，包括管理的客体、媒介、依据等；

（4）机构，即管理层次和管理方式；

（5）目的，即组织存在的基础。

3.1.2 管理职能

1. 管理职能的概念

管理工作就是组织充分利用组织的资源以实现组织的目标。在具体的管理工作中管理者是通过一系列的工作步骤实现组织目标的，这一系列的工作步骤和程序构成了管理过程。通过长期的实践和理论研究我们知道，管理是由一些相互关联的活动组成的，这些相互关联的管理活动我们称之为管理的职能，是管理过程中各项活动应该担负和完成的基本任务。我们把它分为计划、组织、领导和控制四项（见图3—1）。

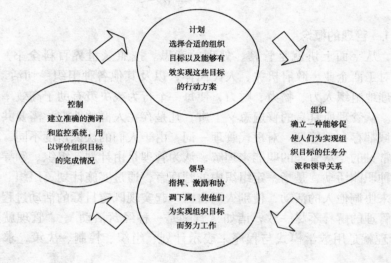

图3—1 管理的职能

任何一位管理者都要从事以上四种管理职能，但不同层次的管理者花在各项职能上的时间不同。例如，基层管理者花在领导职能上的时间要多于中高层管理者。基层管理者在领导职能上用时最多，这说明他要与一线的作业人员直接接触。中层管理者在领导上用时虽然比基层管理者少，但与自己的其他工作相比，用时仍然是最多的。高层管理者在组织职能上的用时最多。随着管理者在组织中的层级的增高，他在计划、组织、控制职能上的用时是增加的，而在领导职能上的用时是减少的。

2. 管理职能的基本内容

（1）计划

计划工作的目的是选择合适的组织目标，确定切实可行的行动方案并有效地实现这些目标，也就是使得组织中的每一个人都能理解集体所要达到的目标以及完成目标的方法，以便为之努力。计划包括选择任务、确立目标、安排实施行动等项内容，其中蕴涵着一系列决策过程。编制计划的一般步骤是：

①收集信息，提供依据；

②确定整体目标和分支目标；

③拟订具体行动方案；

④确定预算，综合平衡；

⑤编制并下达执行计划。

在执行计划职能时，涉及对组织的人、财、物等各种要素进行合理分配和使用，因此，决策、协调和沟通贯穿于计划工作的全过程。计划工作也是一种决策工作，因为它要在各种备选方案中进行选择。在没有做出决策之前，不可能有真正的计划。

（2）组织

组织工作就是要创造一种促使人们完成任务的环境，它要经过策划而建立起一种正式的角色分配结构体系，使得人们通过履行自己的职责而协调配合，顺利地实现计划所设定的目标。通过组织可以形成比个体大得多的力量，进行分工协作去完成任务。其工作内容包括设计组织结构，建立职务结构及人员配备，确定员工的提升、考评、报酬以及培训安排等。组织是管理的载体，是其他管理职能活动的保证。

（3）领导

领导工作的意义在于指挥、激励和协调下属，使他们为实现组织目标而努力工作。没有领导，其他所有管理职能都将难以履行。领导者可以在正式组织或非正式组织中产生，正式组织的领导者拥有组织赋予他们的职位和职权，而非正式组织的领导者并没有组织赋予他们的职位和职权，而是依据权威和影响力自然形成的。领导的本质就是通过领导者与被领导者的相互作用，使组织的活动协调一致，并有效地实现组织目标。

（4）控制

控制工作是通过建立用以准确评价组织目标完成情况的测评和监控系统来展开的，它主要是对照计划标准来衡量和纠正下属人员的各种活动，从而保证实际活动的进展符合计划要求。控制工作按照目标和计划评定工作人员的业绩，找出偏差所在之处，采取措施加以改正，从而确保计划完成。没有控制活动，事先拟订的计划是难以履行和自动实现的。

管理的四项职能是管理过程的不同阶段的工作内容或任务，它们彼此之间既相互独立又相互联系。决策、协调、沟通、创新都可以在四项职能中产生作用，并且贯穿于整个管理过程，使管理职能在运用时提供手段和保证。

3.2 个人信息保护体系

建立个人信息保护体系的基本目的是满足个人信息管理的需要，指导企事业单位建立健全各类管理机制，协调各类资源，充分保障个人信息主体的权利，保障个人信息管理业务的稳定运行。

任何组织的管理活动，与个人信息相关时，可称为个人信息管理。个人信息管理通常包括管理目标、管理策略、管理质量、持续改进等一系列活动。为保证有效地实施个人信息的保护，实现个人信息管理的目标，必须建立相应的管理体系，即个人信息保护体系。

3.2.1　个人信息保护体系的特点

1. 唯一性

构建个人信息保护体系，应与特定组织的管理目标、业务流程、管理策略、过程特点、实践经验等结合，因而，不同组织的体系具有不同的特点。

2. 系统性

个人信息保护体系是组织内各种因素相互关联和作用的组合。这种组合包括：

（1）管理机构，是合理、有效的管理机构、相应的职能和职责及互相协调的关系。

（2）管理规章，是个人信息管理过程实施及相应活动可遵循的依据。

（3）过程管理，保证个人信息管理过程的有效实施。

（4）安全管理，保障个人信息主体权益；

（5）资源管理，是个人信息管理必须与适宜的各项资源，包括人员、设施、资金、技术、方法等。

3. 有效性

个人信息保护体系的运行应全面有效，满足个人信息安全相关法规的要求，保障个人信息主体的权益，也满足个人信息安全认证的要求。

4. 预防性

个人信息保护体系的实施，可以有效预防与个人信息相关的安全事件的发生。

5. 动态性

实施个人信息安全内部审核和个人信息安全认证，采用预防和纠正措施，改进和完善个人信息保护体系。

3.2.2　个人信息保护体系的内容

1. 个人信息安全方针。

2. 个人信息安全目标和基本原则。

3. 管理机制，包括管理机构、管理规章、宣传教育、个人信息数据库/文档管理等。

4. 个人信息保护机制。

5. 个人信息安全机制。

6. 过程改进机制。

3.2.3　个人信息保护体系的构建

1. 建立个人信息管理机构，明确机构职责和机构负责人的责任。

2. 明确个人信息安全目标，确立保护个人信息的原则。

3. 制定个人信息安全方针，阐明保证个人信息安全的指导原则。

4. 根据管理和业务特征、资源、技术、环境、员工及其他相关因素确定个人信息保护体系的范围。

5. 实施风险管理，识别风险源和安全隐患，确定个人信息保护体系的控制目标和控制方式。

6. 建立个人信息管理机制。

（1）根据管理和业务特征、个人信息安全相关法规、规范，制定所有员工应遵循的基本规章、个人信息保护体系运行规范。

（2）制定个人信息保护宣传策略，在内、外部宣传个人信息安全的重要性和所采取的管理策略。

（3）制订个人信息安全培训教育计划，对全体员工实施个人信息安全相关知识的教育，并跟踪培训教育的效果。

（4）实施和运行个人信息保护体系。在个人信息收集、处理、利用中，采用相应的管理、技术手段，保证与目的的一致性、符合性，保证个人信息的安全和个人信息主体的权益。

7. 建立个人信息安全管理机制。根据信息安全相关标准和个人信息安全的特征，采用安全管理、安全技术措施，建立个人信息安全管理机制。

8. 过程改进机制。采用 PDCA 模式，监控、检查、评估个人信息保护体系构建、实施和运行过程，内部审计个人信息保护体系运行状况，持续改进和完善个人信息保护体系。

3.3　个人信息保护管理机制

管理机制是一个组织内部管理机构及其运行机理。它以管理机构为载体，主要有：

（1）管理机构的功能和目标，包括管理机构的组成和功能、管理机构的运行方式等。

（2）管理机构的动因，即驱动管理机制运行的因素，包括组织的利益驱动、个人信息保护相关法律法规的推动、个人信息保护认证的使然、社会环境等。

（3）管理机制的约束，即管理机制运行的约束机制，包括管理体系中权利的制约、保护与流动的约束、利益因素的约束、责任的约束、行为的约束、社会环境的制约等。

个人信息保护管理机制是规范、科学管理个人信息的保障，具有系统、客观、可持续改进的特征。

3.3.1　个人信息安全方针

方针是纲领，是指导活动、行为的原则、方式和策略，提纲挈领，便于记忆、宣传。在个人信息保护体系中，个人信息安全方针确立了个人信息安全的目标、原则、方法、措施，是全体工作人员应遵守的行为规则，明示于与个人信息相关的工作环境、网站，是保护个人信息安全的基准。

1. 个人信息安全方针的核心

（1）目标管理

个人信息保护体系实施质量控制的目标管理，将个人信息安全的目的和任务转化为目标，并且应由单一目标评价，变换为多目标评价。目标管理有以下三个主要环节：

①目标制定，即制定个人信息安全预期达到的安全目标。在制定目标时，应充分注意组织的战略目标、经营目标和业务需求；考虑威胁个人信息安全的各种因素，如体系设计、质量控制的难点、风险因素等。

②目标展开，即将安全目标分解并逐步实现。安全目标是根据个人信息保护体系构建、实施、运行的各个不同阶段的安全要求制定的，因此，可以将个人信息安全目标分解为各个不同阶段的安全标准，逐一实现。

③目标实施，即落实个人信息安全目标责任和实施个人信息安全目标责任。人的因素是影响信息安全的永恒的关键因素，包括最高管理者的意识、管理机构的职能和机构成员的职责、员工的认识和行为，他们掌握的与个人信息安全相关的技术、经验、管理、素质等直接影响个人信息管理的质量和安全水平。因此，目标责任落实到个人信息保护体系的各个阶段，落实到人，充分发挥人的能动性，实施全方位个人信息安全管理，实现预定的个人信息安全目标。

（2）质量管理

在个人信息保护体系的质量管理中，应建立符合个人信息安全相关标准、规范的实施流程、质量标准、工作规范、资源管理、管理机制等，不断改进、完善个人信息保护体系和相关人员的专业技术水平、实施经验。

在个人信息保护体系实施和运行过程中，应建立严格的质量保证体系和质量责任制，明确相关人员的责任，加强实施过程各个环节的质量控制，实施全面质量管理。

2. 个人信息安全体系构建、实施和运行的原则

（1）事前控制

根据"零缺陷"管理的思想，预防产生质量问题。个人信息保护体系涉及网络技术、计算机技术、信息安全、管理科学等多学科、高技术，任何因质量问题引起的个人信息安全事件，均可能产生个人信息安全风险。因此，构建个人信息保护体系，就应制定严格的个人信息安全目标和质量标准。准确把握组织的战略目标、经营目标和业务需求，注意发现个人信息安全的需求分析过程和个人信息保护体系设计过程中的缺陷，将一切可能的问题消灭在萌芽状态，科学、规范地设计个人信息保护体系。

（2）标准化

个人信息保护体系构建、实施和运行应遵循信息安全相关法规、标准。

①信息安全标准，阐述了信息系统及相关和配套系统安全所应遵循的管理、技术规范。

②个人信息安全标准，规定个人相信保护体系构建、实施和运行应遵循的管理规范。

③申请个人信息保护体系评价标准，是指个人信息保护体系与个人信息相关法规、标准的一致性、符合性和目的有效性的判断标准。

这些标准为建设高质量、安全可靠的个人信息保护体系提供了科学依据。因此，在个人信息保护体系构建、实施和运行过程中，应根据组织的需要，遵循相关标准，制定与个人信息保护体系相关的质量控制标准，保证体系构建、实施和运行过程的科学、规范、有序。

（3）过程改进

个人信息保护体系实施、运行过程中，采用监察机制、内审机制，实时跟踪、监控、检查个人信息保护体系的运行状况，根据个人信息安全目标和质量控制目标，以及体系各个不同阶段的安全、质量要求和目标，采取相应的安全控制措施，不断改进、完善个人信息保护体系。

3. 个人信息安全方针的主要内容

方针必须以简洁、明确的语言阐述，并公之于众，以指导个人信息保护体系的工作。根据个人信息安全目标和个人信息保护体系的质量管理目标，个人信息安全方针的主要内容包括：

（1）个人信息安全的目标及重要性。

（2）保护个人信息安全的原则。

（3）个人信息主体的权利。

（4）个人信息管理者的责任和义务。

（5）个人信息保护相关法规、规范的要求，如培训教育的要求、安全管理要求、违反方针的处理等。

（6）收集、处理、利用及管理个人信息时，应采取的保护措施和方法。

（7）个人信息安全建议、意见的处理和反馈。

（8）改进和完善个人信息保护体系的措施。

4. 个人信息安全方针与个人隐私政策的关系

在实践中，各个网站往往公布各自的"个人隐私政策"。政策是一种策略，同样是行动的指导准则。方针是政策的特殊表现形式，在个人信息安全实践中，个人信息安全方针是个人信息保护体系中表达政策的一种形式。

（1）个人信息安全方针包含在政策范畴内，具体规定了个人信息保护的目标、原则、方法和措施等；政策所表达的内容则宽泛得多。

（2）个人信息安全方针表达了鲜明的适用性、原则性和稳定性。政策却存在较大的变通性和灵活性。约束在个人信息保护体系中，方针只能是唯一的，政策却存在多变的可能性。

方针不是一成不变的。个人信息安全方针应随时间的变化或管理、业务、环境等发生重大变化时适时改进，以保证方针的适宜性和有效性。

管理者代表也应适时评估方针的适宜性和有效性，并根据时间、环境、管理、业务、技术、法律等的变化适时改进。

3.3.2 最高管理者

根据 ISO 9001 的定义，最高管理者是"在组织的最高层指挥一个人或一组人"的最高行政领导，可以是总经理、厂长、院长、校长……

最高管理者在个人信息保护体系建设中的作用是关键的。最高管理者根据组织的目标、业务和经营方向，统一内部环境，创造规范、高效、团结、活跃的组织文化和环境，使全体员工充分参与保护个人信息安全的各项活动，以达到个人信息安全的预定目标。

最高管理者的职责包括：

（1）明确个人信息保护的方针。最高管理者应充分认识到个人信息安全的重要性，制定个人信息安全方针、明确个人信息管理的目标，支持并实施构建个人信息保护体系。

（2）明确管理者代表。最高管理者应指定管理者代表，并具有相应的权限：确保个人信息保护体系的构建、实施和运行；向最高管理者报告体系的运行和改进情况；确保组织内员工个人信息保护意识的提高、过程改进等。

（3）责任落实。最高管理者应确保个人信息管理相关机构、机构职能、权限、相互关系建立和规定，以及个人信息管理规章的制定。

（4）资源分配。建立个人信息保护体系，需要投入必要的资源，提供相关的条件，如人员、设施、资金、信息、工作环境等。最高管理者应为个人信息保护体系建立所需资源提供切实可行的支持，以保证体系的构建、实施和运行，达到预期的目标。

（5）领导决策。个人信息体系运行过程中，可能发生各种矛盾，出现各种不利因素，需要最高管理者决策，避免影响体系的正常运行。

（6）过程改进。最高管理者对个人信息保护体系的持续改进负有领导责任。

最高管理者应熟悉个人信息安全相关法规、标准，了解个人信息管理的基本知识，掌握个人信息安全的基本原则。

3.3.3 机构和职能

最高管理者指定管理者代表，组建个人信息管理机构，明确机构的职责，构建个人信息保护体系，推进个人信息安全工作的开展。

1. 个人信息安全负责人

管理者代表可以称为个人信息安全负责人。他的职能如下：

（1）代表最高管理者负责组织的个人信息保护体系构建、实施和运行；

（2）制定、实施个人信息管理的基本规章制度，推进保护个人信息安全工作的开展；

（3）部署个人信息安全的宣传；

（4）指导个人信息安全的相关培训和教育；

　　（5）协调和沟通。

　　2. 个人信息管理机构

　　个人信息管理机构负责组织的个人信息安全工作。机构的主要职责如下：

　　①个人信息安全工作的组织、实施；

　　②组织制定个人信息管理的基本规章、制度；

　　③个人信息安全的宣传；

　　④个人信息安全的培训、教育；

　　⑤个人信息保护情况的检查、改进、完善。

　　个人信息管理机构包含个人信息安全的宣传、教育。其主要职责如下：

　　①个人信息安全宣传、教育的组织实施；

　　②制定个人信息安全培训教育制度、计划；

　　③制定个人信息安全宣传策略和方法；

　　④个人信息安全相关知识、技术的培训教育；

　　⑤个人信息安全宣传、教育计划和实施的改进和完善。

　　个人信息管理机构包含服务支持平台，保持与用户沟通的窗口。其主要职责如下：

　　①为社会、个人信息主体、客户提供个人信息安全相关知识的咨询和服务；

　　②为客户提供个人信息处理、使用建议和意见；

　　③接受社会、个人信息主体、客户提出的有关个人信息安全的意见；

　　④落实社会、个人信息主体、客户提出的意见，并实时反馈；

　　⑤与社会、个人信息主体、客户沟通和交流；

　　⑥公布有关个人信息安全相关事项、问题处理等；

　　⑦其他应处理的问题。

　　3. 过程改进机构

　　过程改进机构包括个人信息保护体系监察和个人信息保护体系内审。

　　个人信息保护体系监察是过程改进的重要环节，监察机构必须独立开展工作，其主要职责如下：

　　（1）独立、公平、公正地开展个人信息管理监督、检查、调查工作；

　　（2）制定个人信息保护体系监察制度和监察计划；

　　（3）编制监察报告，督促、建议组织内各部门改进、完善保护个人信息安全的工作。

　　个人信息保护体系内审，是在个人信息保护体系正常运行后，对体系的整体状况实施审计。

　　个人信息保护体系的过程改进机构是一个独立的机构，其负责人应独立于个人信息保护体系的工作之外，可以是组织内部遴选，也可以从社会人士中选聘。

3.3.4　管理制度

　　管理制度是组织构建个人信息保护体系的制度保障，是组织内部个人信息管理过程、实施个人信息管理的规则、制度的总称。

保护个人信息安全的相关管理制度，是组织构建个人信息保护体系的基础，涉及组织内各个部门、各个层次管理人员、全体员工。因此，个人信息相关管理制度涉及的管理关系相对复杂，涉及的范围相对广泛，存在一定的执行难度。

（1）体系化。管理制度是以文件单体形式存在的，但各个规章制度之间是相互有机联系的，形成一个整体。不仅仅包括个人信息安全的方方面面，也包括组织内横向、纵向的管理关系。因而，管理制度应形成体系。

（2）融合性。组织内部存在许多管理体系，个人信息保护体系不是独立存在的，应与其他管理体系有机融合，才能有效执行，降低和控制风险。

（3）组织保障。管理者代表应组织组织内各个部门，基于组织的总体利益，统一管理、制定组织的个人信息相关管理制度和各个部门的管理细则，以形成制度的合力。

（4）告知。个人信息相关管理制度应以一定形式公示，或告知员工。

个人信息相关管理制度，是权利义务的约束。不同的组织有不同的制度。一般来说，个人信息相关管理制度应以下内容：

（1）个人信息管理机构的职责和职能；

（2）个人信息收集、处理、利用的管理；

（3）个人信息保护安全管理措施；

（4）个人信息数据库管理；

（5）个人信息保护管理体系相关文档管理；

（6）个人信息保护培训教育管理；

（7）个人信息保护监察管理；

（8）服务支持平台的管理；

（9）事件管理；

（10）违反个人信息保护相关规章的处理；

（11）其他必要的管理。

3.3.5 宣传教育

构建、实施和运行个人信息保护体系，必须注重个人信息安全的重要性和必要性、个人信息安全相关法规和标准、个人信息主体权益、个人信息管理者的义务、个人信息管理措施等的宣传和教育。

1. 宣传的形式

（1）基本宣传。基本宣传主要是在组织的内部，宣传个人信息安全的基本知识、个人信息安全相关法规和标准、个人信息安全的重要性、个人信息管理的基本策略等。普及和增强组织内全体工作人员及相关人员的个人信息安全意识，重视个人信息主体权益的保护，配合和支持组织的个人信息管理工作。

（2）业务宣传。一个组织应在形象宣传、业务交往中，宣传组织保护个人信息安全的目的、个人信息管理措施、个人信息使用和处理方法及规定、个人信息安全措施等，树立组织良好的信誉和形象。

（3）社会宣传。组织在面向社会时，应积极宣传本组织保护个人信息安全的政策和措施，可以在各种媒介中增加相关的宣传内容，如宣传资料、各种网络媒介（网站、博客、播客等）。

2. 培训教育的对象

培训教育是宣传的一种辅助形式，通过培训教育加强宣传的作用。培训教育主要是在组织内部实施。培训教育的主要对象如下：

（1）组织的全体工作人员；

（2）与组织相关的人员，如临时员工等。

3. 培训教育的内容

应根据组织的实际情况，包括人员、业务、基本状况和需求等，制定相应的个人信息安全相关培训教育计划、制度，并适时开展个人信息安全培训教育。

培训教育的主要内容如下：

（1）个人信息安全相关法规、标准和管理制度；

（2）个人信息安全的重要性和必要性；

（3）个人信息安全培训教育对象的职能和责任；

（4）违反个人信息保护相关法规、标准可能引起的损害和后果等。

3.4 个人信息数据库管理

通常，数据库被定义为由一批数据构成的有序结合，一般保存在一个或多个相互关联的文件中，通过数据库管理系统，实现数据收集和组织、数据存储、数据传输、数据处理、数据输出、数据安全等。

个人信息数据库与传统意义数据库是存在差异的：

（1）个人信息数据库是由一批个人信息构成；

（2）构成个人信息数据库的个人信息，以一定的组织形式，按照个人信息的属性、特征，根据不同的处理需要组织、存储；

（3）构成个人信息数据库的个人信息，保存在不同的纸、磁、电子、光、网络等媒介中，这些个人信息，既存在相互关联的关系，也存在毫无关联的信息；

（4）个人信息数据库，可以采用数据库管理系统操纵，也可能是不确定的。

个人信息数据库保存个人信息的形式是多样的，采用数据库技术存储、电子方式保存、磁或光介质保存、纸质媒介保存等；存在形式也是多样的，包括数据、声音、图像等。个人信息存在状态可能是分散的（文件形式）或集中的。

个人信息数据库，通过数据库管理系统、人工管理等多种方式，实现个人信息收集和组织、存储、传输、处理、输出、安全。

个人信用信息基础数据库、人事人才基础数据库是个人信息数据库的典型应用，采用数据库技术，通过数据库管理系统，实现数据收集和组织、数据存储、数据传输、数据处理、数据输出、数据安全等。

无论何种个人信息数据库管理方式，均可提供以下功能：

（1）个人信息数据库定义。个人信息数据库保存个人信息，必须定义个人信息数据库的结构、存储方式、质量标准、检索方式、时限等。

（2）个人信息使用。个人信息使用可以实现对个人信息数据库中个人信息的检索、编辑、传输等处理。

（3）个人信息集中控制。这是指不论个人信息的存在状态如何，均实现集中控制和管理。

（4）个人信息质量和可维护性。这是指个人信息安全性、可靠性控制。其包括以下方面：

①安全性，即采取各种安全管理措施，防止个人信息丢失、泄露、滥用。

②质量控制，即确保个人信息的准确性、完整性、可用性、安全性和最新状态。

③权限控制，即防止未经授权的不当使用。

④故障处理，即个人信息备份、恢复、重组，防止个人信息的损毁。

由于个人信息数据库体现了个人信息主体的人格利益和价值属性，以及个人信息数据库的多样性，必须采取相应的管理措施，保证个人信息数据库的安全。

（1）保存在个人信息数据库中的个人信息必须简明、易懂，易于查询、调用、复制。

（2）保存在个人信息数据库中的个人信息，必须根据个人信息收集、处理目的，设定明确、合理的保存时限。

（3）建立个人信息数据库管理机制，主要包括：

①个人信息数据库的管理和使用；

②个人信息数据库管理者的责任和义务；

③个人信息数据库管理和使用权限；

④个人信息数据库安全管理机制；

⑤个人信息数据库的故障处理机制；

⑥个人信息数据库维护机制；

⑦个人信息数据库事故处理。

（4）建立个人信息数据库使用备案管理制度等。

3.5　个人信息管理的目标和原则

个人信息管理是指个人信息管理者基于特定、明确、合法的目的而进行的有关个人信息的收集、保存、管理、处理和利用等。对个人信息采取相应的安全管理措施，并组织、开展个人信息安全工作的宣传、教育；制定个人信息管理的基本规章制度；监察个人信息保护的实施、个人信息保护体系的过程改进等。

个人信息管理的目标是维护个人信息主体的合法权益不受损害。为实现这一目的，个人信息管理应该遵循以下基本原则：

1. 公平合理性原则

个人信息必须被公平合理地处理，为特定使用目的而收集，且不能以与此目的无关的方式进行处理与保存，收集的范围具有合理的相关性并且不过度，数据准确且不断更新，保存不超出完成收集时的目的所必需的期限。

2. 合法性原则

所有的数据处理都必须具有法律依据，据不完全统计，我国与个人信息相关的法律法规有 17 部之多，在这些法律法规中，为保证个人信息管理的合法性，可能的法律依据如下：

（1）个人信息主体同意；

（2）履行与个人信息主体有关的合同；

（3）履行组织（企业、单位等）的法律义务；

（4）保护个人的重大利益；

（5）维护公共利益；

（6）平衡组织的利益和个人的利益。

3. 透明度原则

透明度原则有助于建立信任，确保个人信息的准确性。

必须告知个人信息主体与其个人信息有关的处理活动，个人信息主体有权查看自己的信息（但其他人无权查看），有权更正错误的信息。

4. 安全性原则

个人信息管理者应采取必要的管理和技术措施，防止未经授权的对个人信息的检索、丢失、泄露、损毁、篡改、使用、公开等，这包括个人信息处理系统的物理安全及采用的科技手段，还包括相关的组织措施、管理规章制度等。培训教育，作为基础安全措施，也应纳入安全管理的范畴之内考虑。

5. 独立的监管机构

独立的监管是有效保护个人信息的基础，监管机构有权接收和处理个人信息主体的投诉、有配合相关部门调查和介入调查和处理涉及个人信息保护案件的义务。

为保证个人信息管理持续进步和稳定发展，在个人信息管理过程中必须遵循 PDCA 模式，有组织地采取对策。

PDCA 是 plan、do、check、action 的首字母缩写。PDCA 模式是现代管理体系普遍采用的过程管理模式，如质量管理体系（ISO 9001）、环境管理体系（ISO 14001）等。这种管理模式在识别和运作过程时，把过程分为计划（plan）、实施（do）、检查（check）、改进（action）四个阶段，通过这四个阶段的持续循环，使过程效果得到不断提升。

在体系的整体建立、实施、监察、内审和持续改进的过程中，个人信息安全管理 PDCA 的阶段分布可简单描述如下：

P：个人信息保护体系的确立

构建个人信息保护体系，必须协调组织内的各种资源，明确目标和责任，评估组织内各种可能的个人信息安全风险。

D：个人信息保护体系的导入和运用

建立组织的个人信息管理机制，实施个人信息保护，保障个人信息主体权益。

C：个人信息保护体系的监察和内审

为了保证个人信息保护体系的正常运行，必须对个人信息保护体系实施监察、内审，及时发现个人信息保护体系的缺陷并提出相应的改进措施。

A：个人信息保护体系的改善

根据监察、内审及组织的发展，不断改进和完善个人信息保护体系。

第4章 个人信息保护机制

随着信息技术的发展，个人信息的收集、处理愈加方便、容易，对个人信息的侵害也愈加频繁，愈加呈现多样性。

在国际交往中，个人信息保护的缺失，阻断个人信息的跨国流动，影响国际业务的开展，可能形成新的贸易壁垒。

政府内各部门间缺少沟通，形成"信息孤岛"，个人信息保护机制的缺失，也是重要原因之一。

因此，构建个人信息保护体系，建立个人信息保护机制，维护公民基本的人格权，是势在必行的。

4.1 个人信息管理

管理是一种活动或行为，法国人法约尔（Henri Fayol）将管理定义为五种特定类型的活动，即计划、组织、指挥、协调和控制。以实现目标服务为目的，通过这些活动，有效地组织和协调各类资源，保证目标的实现。

美国管理学家赫伯特·西蒙（Herbert A．Simon）从计划职能中分化并提出了决策职能。他认为管理的核心是决策，决策贯穿于管理的全过程。决策过程从确定目标开始，寻找为实现这个目标可供选择的各种方案，比较并评价这些方案，选择并做出决定；然后执行选定的方案，进行检查和控制，以保证实现预定的目标。

管理的职能定义了管理行为的性质和类型。个人信息管理是以占有、利用个人信息为目的的管理行为。根据管理学理论，个人信息管理者收集各类个人信息资源，根据收集的目的，使用、处理个人信息，协调、组织个人信息资源需求与个人信息主体的符合性，采取相应的控制策略和控制措施。

个人信息资源是由个人信息主体、个人信息和针对个人信息采取的技术和管理手段有机构成的，通过管理主体的行为和活动，实现其价值。个人信息管理是对个人信息资源及针对这些资源的活动和行为进行管理。

法约尔及之后的许多学者定义的管理的职能，同样适用于个人信息管理。根据这些定义，个人信息管理的职能大致可以分为五个：

（1）决策与组织

决策与组织贯穿于管理的全过程。决策的内容主要是选择管理的目标，确定管理行为。在选择目标的决策中，应强调与个人信息主体的符合性、一致性和主观性，个人信息管理工作中的各种行为和相应的手段，限定在个人信息主体同意的范围内，保证个人信息管理的有效性、合法性。

组织是个人信息管理者根据个人信息收集、利用的目的，有效管理、处理个人信息的行为或活动。组织行为具有目标一致性、原则统一性的特点。组织的形式多种多样，可以根据决策设计和调整组织的结构、个人信息收集、利用的分类、管理者的职责和行为、内部自律规范等。

（2）规划与人事

规划是在决策目标确定后，对个人信息管理行为的预先设计。对个人信息收集、利用的目的、过程等进行论证，保证与个人信息主体的一致性、符合性；确定可能出现的各种风险的应对策略，为实施控制提供依据。

个人信息管理人员的行为是个人信息保护的关键因素。根据决策和规划，定义个人行为准则，明确责任和职能，保证个人信息主体的权益不受侵犯。

（3）控制与监督

控制是对个人信息的管理活动、行为及后果实施制衡和修正，以保证与个人信息主体的符合性和一致性，并对过程中目的、范围、手段和方法、修正、权利和义务等各个方面进行监督，保障个人信息主体的人格利益。

（4）协调与沟通

个人信息管理者与个人信息主体之间的关系需要协商、调解，使双方和谐地配合，既保证个人信息主体的利益，也有利于个人信息的自由流动。

在协调中，需要双方采取各种方式，包括语言的或非语言的形式，进行沟通，以在双方之间传递和理解管理的意义。

协调与沟通的基准，是保障个人信息主体的人格利益不受侵犯。

（5）评估

在个人信息管理中，应随时对个人信息收集、利用的目的、范围、手段和方法、风险因素等多个方面进行评估，提出修正或补救措施、应对策略，避免对个人信息主体人格利益的侵犯。

4.2　个人信息保护原则

个人信息保护原则是在个人信息收集、利用、处理过程中，必须遵循的基本规则或规范。

世界经济合作发展组织（Organization for Economic Co-operation and Development，OECD）1980 年颁布的《隐私保护和个人数据跨国流通指导原则》（Guidelines on the Protection of Privacy and Transborder Flows of Personal Data）中，提出了个人信息保护的八项原则，已成为世界各国制定本国个人信息安全相关法规所遵循的基本原则。

OECD 八项原则如下：

（1）收集限制原则（Collection Limitation Principle）。个人信息的收集，必须采用合理、合法的手段；个人信息主体已经知悉，并且必须征得个人信息主体的同意。

（2）数据质量原则（Data Quality Principle）。收集个人信息必须符合收集的目的，并保证个人信息在特定目的范围内的正确性、完整性和最新状态。

（3）目的明确化原则（Purpose Specification Principle）。个人信息的收集目的应明确化。

（4）利用限制原则（Use Limitation Principle）。个人信息不能超出收集目的范围外利用，除个人信息主体同意或法律规定例外。

（5）安全保护原则（Security Safeguards Principle）。避免个人信息丢失、不当访问、破坏、利用、修改、泄漏等风险，应采取合理的安全保护措施。

（6）公开原则（Openness Principle）。个人信息管理者必须以简明易懂的方式，公开个人信息的保护措施，以及利用、收集目的等相关信息。

（7）个人参与原则（Individual Participation Principle）。它又称"个人权利原则"，强调个人信息主体的权利，包括：确认个人信息的来源、个人信息的保存（合理的时限、合理的方式、易于理解的形式）等；收集、利用的质疑；修改、完善、补充、删除等。

（8）责任原则（Accountability Principle）。个人信息管理者有责任遵循有效实施各项原则的措施。

OECD八项原则具有普遍的指导意义。根据八项原则的普遍意义，在实践中，符合需求、可供操作的基本原则包括：

（1）知情原则，即个人信息主体有权知悉个人信息的收集、利用和处理情况。

①个人信息管理者在收集、利用、处理个人信息时，必须明确告知个人信息主体，并征得个人信息主体的明确同意。

②个人信息主体有权确认收集个人信息明确的特定的目的，禁止超目的范围收集、利用、处理个人信息；个人信息主体必须充分了解个人信息收集、利用的所有状况。

③个人信息主体有权了解个人信息管理者收集、保存的个人信息的内容、利用和保存目的等相关信息。

④个人信息必须在特定的目的范围内保持完整、正确和最新状态。

（2）支配原则，即个人信息主体有权决定如何利用个人信息。

①个人信息主体对个人信息的收集、利用、处理有完全的自主支配权。

②个人信息主体对个人信息收集、利用的目的、方法具有完全的决定权。

③个人信息主体对个人信息管理者收集、保存的个人信息的内容有完全的控制权。

（3）参与原则，OECD中称为"个人参与原则"，强调个人信息主体的权利。

①个人信息主体有权依据主体意愿使用个人信息，以满足主体的精神、物质等各方面的需要。

②个人信息主体有权随时查阅、修正、完善、补充、更新、删除个人信息。

③个人信息主体有权质疑个人信息的完整性、准确性及保存状态。

（4）安全保障原则，即个人信息管理者应从管理、技术两个方面采取相应的措施，保障个人信息的安全。

①个人信息管理者应采取合理的安全防护措施和相应的管理手段，以避免个人信息的丢失、泄漏、损毁、篡改、不当利用等。

②未经个人信息主体同意或授权，禁止非法泄漏、公开、利用、提供个人信息。

4.3　个人信息收集

个人信息的存在方式是多样态的，获取个人信息的形式也有所不同。个人信息收集是以特定、明确、合法的目的，为获取个人数据资料采取的行为模式。

社会的进步和发展，使政府部门、非政府部门、授权行使一定行政职能的组织、商业部门、个人等，经常会收集、保存、处理大量的个人信息。特别是信息技术的发展，为批量处理、传递个人信息提供了便利。泄漏、篡改、不当收集、恶意利用和传播个人信息的行为，也随之出现并日趋严重和普遍。

因此，个人信息收集是处理、利用个人信息的源头，因而是个人信息安全的核心问题。

4.3.1　个人信息收集的特征

信息已经成为继能源、材料之后的第三大资源。由于社会、社会成员对信息的依赖越来越强，个人信息也已成为信息资源中重要的社会资源，由个人信息引发的法律问题、社会问题愈加严重。特别是随着科技的进步，个人信息收集、处理大多使用自动设备，如计算机系统等实施，个人信息主体往往不知情或不能自控。因而，凸显明确个人信息收集目的、信息质量的重要性。个人信息收集必须在个人信息主体同意的前提下，明确收集目的，并在收集目的范围内实施，以规避个人信息滥用、泄漏、损毁等安全风险。

个人信息收集包含三个主要特征：

1. 个人信息收集的目的性

个人信息收集必须有特定的、明确的和合法的目的。特定目的必须是在法律允许范围内，针对某一特定的需要设定的。如政府机构出于某种行政命令，保护弱势群体，而进行的个人信息收集行为。设定特定目的，可以使收集目的更加明确，且有较大的灵活性，可以根据个人信息收集的不同需要，适时设定不同的特定目的。

在个人信息处理过程中，不能从事任何与个人信息收集目的相悖的活动。个人信息收集、处理必须在限定的目的范围内。

2. 个人信息收集的条件

个人信息收集必须满足一定的条件：

（1）必须经个人信息主体明确地、毫不含糊地同意。个人信息是自然人主体的人格利益的一部分，个人信息的滥用，可能侵害主体的人格权。因此，收集个人信息，必须经个人信息主体确认。

（2）个人信息管理者必须依法履行管理主体的权利、义务、责任。个人信息管理者在个人信息收集中，必须保证个人信息主体的人格权益；保证收集行为限定在特定的目的范围内；保证收集行为在法律允许的范围内。

（3）个人信息收集必须是基于特定目的的需要，如政府或公共职能的需要、执行合同的需要等。

3. 个人信息质量

收集个人信息，必须保证个人信息的质量。其主要包括三个条件：

（1）基于特定的、明确的和合法的目的收集的个人信息，应保证是足够的而不过度，是相关的而不多余，且不超出设定的目的范围。

（2）必须保证个人信息的准确性、完整性，并适时、随时更新、完善。

（3）必须在信息处理时方便识别个人信息主体，并在不必要时可随时删除。

个人信息收集是个人信息保护的源头和核心。由于个人信息的多样性、个人信息收集目的的多种形态，在个人信息收集、处理过程中，存在着个人信息被滥用、泄漏、扭曲、损毁的威胁。因此，在个人信息收集阶段，必须明确个人信息收集的目的，保证个人信息收集的质量；即使是公开信息的收集，也应设定明确的目的。

4.3.2 个人信息收集方法和手段

个人信息收集目的的多样态，决定收集手段和方法的不确定性。因此，个人信息收集，必须经个人信息主体明确同意，基于特定的、合法的目的，采取适当的方法和合法的手段进行。

个人信息的收集方法和手段是实现收集目的的方式。商业机构为实现个人信息的商业利益，无孔不入，不择手段；政府为实现行政目的，大规模收集个人信息等。因收集目的不同，收集个人信息的方式也不同。

个人信息的收集方式可以分为主动式收集和被动式收集。

主动式收集：个人信息主体主动提供的个人信息。在现实社会中，由于工作、生活中的各种需要，人们在买车、购房、保险、医疗、电话安装、办理各种会员卡、银行卡、优惠卡，以及电子商务等时，各电信运营商、房地产公司、保险公司、银行、网络运营公司、医疗机构，及各类零售商等各种企业，由于业务、经营的需要，往往要求用户填写真实、详尽的个人信息，包括姓名、性别、年龄、出生日期、住址、职业、电话、银行数据（账号、卡号等）、电子邮件，甚至习惯、爱好等；在网上注册（如电子邮件、聊天室、游戏厅、网站等）、问卷、调查等时，也可能要求填写真实的个人信息。商业机构、网站等承诺为这些个人信息保密，不向社会公开，不向第三者提供。但个人信息巨大的商业价值的诱惑，很难保证个人信息的安全，收购、买卖个人信息已经成为风尚。同时，因管理不善造成的泄漏，也是威胁个人信息安全的隐患。

被动式收集：通过各种网络技术和方法收集个人信息。随着信息技术的发展和普及，网络空间中，个人信息的覆盖率愈来愈高，个人信息的收集和处理也愈来愈方便、快捷。除主动式收集方式外，其他个人信息的收集，多数是在个人信息主体不知情、或不能控制的情况下实施的。

被动式收集方式采用的主要技术和方法如：

（1）cookies。cookies 是追踪用户网络行为的工具，是由网络站点创建的、储存在个人终端的文本文件，以记录用户在网络空间中的网络行为，如当用户访问 Google 时，Google 会在用户终端建立一个存活期 30 年的 cookies（最近已更改为 2 年），以了解用户的上网时间、搜索内容、点击内容、上网习惯等。

（2）web beacons。web beacons 即网站信标，用于监控访问网站用户的行为。通常与 cookies 结合使用。web beacons 是一种透明的图像文件（gif 文件），通常置于网站或电子邮件系统中，用于监控用户在网站上的各种操作，如可获取用户的 IP 地址、访问日期和时间、访问页面的描述等。

（3）木马程序。用户的计算机终端被植入木马后，木马的客户端程序一旦启动，就可在用户终端设置后门，定时将用户的个人信息发送到木马程序设定的地址，甚至可控制用户终端，随意删除、拷贝用户文件，修改用户密码等。

还有许多可用于被动式收集的技术，如记录用户访问信息的服务器管理系统、磁盘记录和检查软件等。

在社会交往、商业活动中，也可能在个人信息主体不知情或不能控制的情况下被收集个人信息。购买了住房，自称装修公司的人员会主动上门；购买了汽车，保险公司人员会主动推销……在不经意间，我们的个人信息就可能成为被动收集的目标。这是商业机构在用户不知情的情况下，采用各种方式从个人信息管理者手中收集到的用户的个人数据资料，并将其用于商业目的。

被动式收集的个人信息，在静态状态下，即处于个人信息管理者控制时，是相对安全的；当个人信息管理者出于某种目的，进行个人信息交易，如出售、买卖等时，或存在恶意收集时，个人信息即存在安全威胁。

个人信息收集的方式，应适当、适度，不应过度收集。过度收集是指商业等一些机构，为了商业利益，罔顾法律和道德的约束，采取可能的各种方式，尽可能多地收集个人信息。如在登录网站注册或其他网上活动时，往往要求用户提供详尽的个人资料，除注册等必需的个人信息外，根据商业利益的需要，过多地收集了许多毫不相干的个人信息，而这种收集并未明确告知个人信息主体。图 4—1 是某产品在商场销售时发出的"抽奖券"。

个人信息主体因购买产品得到抽奖机会，却需要填写包括姓名、性别、出生日期、婚姻状况、联系方式、教育程度、职业、爱好、家庭收入、居住状态等尽可能多的个人信息。很明显是因商业利益，过度收集毫不相干的个人信息的行为。

因此，个人信息收集，应基于特定、明确、合法的目的，采用科学、规范、合法、适度、适当的收集方法和手段，保障个人信息主体的权力。任何个人信息收集方式，个人信息管理者都应履行告知的义务：

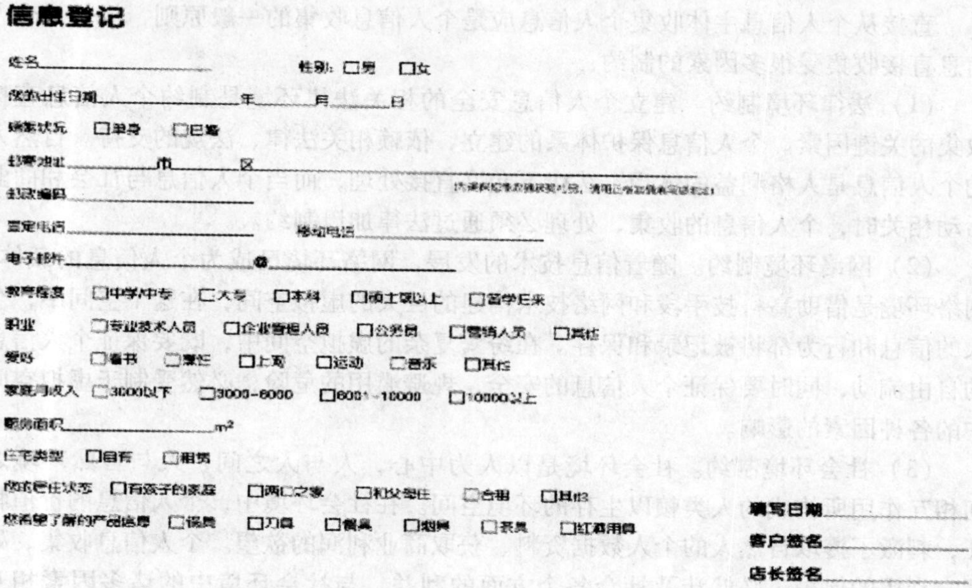

信息登记

姓名_____ 性别: □男 □女

就职出生日期_____年_____月_____日

婚姻状况 □单身 □已婚

联系地址_____市_____区_____

邮政编码_____ （请通过相关系统获取代码，请用正楷逐字填写信息）

固定电话_____ 移动电话_____

电子邮件_____ @_____

教育程度 □中学/中专 □大专 □本科 □硕士或以上 □留学归来

职业 □专业技术人员 □企业管理人员 □公务员 □营销人员 □其他

爱好 □看书 □影视 □上网 □运动 □音乐 □其他

家庭月收入 □3000以下 □3000-6000 □6001-10000 □10000以上

厨房面积_____ m²

住宅类型 □自有 □租房

家庭居住状态 □有孩子的家庭 □两口之家 □和父母住 □合租 □其他

您希望了解的产品信息 □锅具 □刀具 □模具 □烟具 □炊具 □红酒用具

填写日期_____

客户签名_____

店长签名_____

图 4—1 个人信息登记

（1）应将个人信息收集的目的、范围、方法和手段、处理方式等清晰明确地告知个人信息主体，并征得个人信息主体的明确同意。

（2）被动收集时，则应将个人信息收集的目的、范围、内容、方法和手段、处理方式等以公告形式发布。如有疑义、反对，应停止收集。

个人信息主体应提高防范意识，采用相应的网络技术和手段，防止利用网络技术和方法不正当收集个人信息的行为。

4.3.3 个人信息收集分类

个人信息收集目的的多样性，决定个人信息收集的多种形态。根据不同的收集形态，个人信息收集可以分成不同的类别。

个人信息收集可以分为直接收集、间接收集和敏感信息收集，但是，不论何种类型的收集，均应保证收集目的的明确性，并将个人信息利用限制在收集目的之内。

1. 直接收集

直接从个人信息主体收集个人信息称为直接收集。

个人信息的直接收集包含两层含义：

（1）直接而非间接。采用主动方式，直接的而非采用任何技术或其他手段。个人信息为个人信息主体唯一拥有。直接从个人信息主体获得个人信息，可以避免个人信息被扭曲，保持个人信息的完整性、准确性和最新状态。

（2）直接收集个人信息必须目的明确，并征得个人信息主体的同意。个人信息体现个人信息主体的人格利益，因此，是否提供个人信息，只有个人信息主体有权决定。

直接从个人信息主体收集个人信息应是个人信息收集的一般原则，但是，个人信息直接收集受很多因素的制约：

（1）法律环境制约。建立个人信息安全的相关法律环境是制约个人信息直接收集的关键因素。个人信息保护体系的建立，依赖相关法律、法规的支持。自然人的个人信息是人格利益的体现，法律不允许直接处理，而当个人信息与社会和商业活动相关时，个人信息的收集、处理必须通过法律加以制约。

（2）网络环境制约。随着信息技术的发展，网络环境已成为个人信息的载体。网络环境是借助高科技手段和网络技术构建的巨大的虚拟空间，在这个空间中，个人的信息和行为都将被记录和保存。在纷繁复杂的虚拟空间中，既要保证个人信息的自由流动，同时要保证个人信息的安全，规避滥用的危险，必然受制于虚拟空间中的各种因素的影响。

（3）社会环境制约。社会环境是以人为中心，人与人之间、人与自然环境之间相互作用所构成的人类赖以生存的环境空间。在社会环境中，个人信息的价值特征，刺激了攫取自然人的个人数据资料、获取商业利润的欲望。个人信息收集、处理、利用的保护，必然涉及社会各个方面的利益，与社会环境中的诸多因素相互作用。

直接从个人信息主体收集个人信息，必须以书面形式通知个人信息主体，并得到个人信息主体的明确同意。通知的内容应包括：①个人信息收集的目的和范围；②个人信息主体享有的相关权利；③个人信息安全承诺；④个人信息主体拒绝提供相关个人信息可能会产生的后果；⑤个人信息管理者的相关信息及权利和义务；⑥其他需要说明的事项。

2. 间接收集

非直接地从个人信息主体收集自然人的个人信息称为间接收集。

个人信息间接收集包含三层含义：

（1）间接收集是直接收集的辅助手段和补充。当无法直接从个人信息主体获得个人信息时，一般采用被动收集方式，利用各种技术、方法，或通过第三方获取自然人的个人信息。被动收集方式往往是在个人信息主体不知情或不能控制的情况下实施，因而，当间接收集个人信息时，可能存在个人信息滥用、扭曲的安全隐患。

（2）间接收集必须基于明确、合法的目的，征得个人信息主体的明确同意。某些商业机构采用各种技术、方法，或通过第三方获取个人信息，是基于个人信息潜在的价值属性。为获取个人信息，可以罔顾法律、不择手段。目的的扭曲，对个人信息的威胁是严重的。因此，必须保证间接收集的目的是明确的、在法律允许的范围内，并不能从事与目的相悖的行为。间接收集的目的是否明确、合法，只有个人信息主体有权确定，并根据自己的意愿、可能的风险和结果等决定是否同意间接提供个人信息。

（3）间接收集时，必须保证个人信息的准确性、完整性和最新状态。个人信息体现个人信息主体的人格利益，个人信息质量决定个人信息主体描述是否真实、公正。采用各种技术、方法，或通过第三方获取的个人信息，可能是琐碎的、片面的、细枝末节的，由此描绘的个人信息主体的概貌，可能是扭曲的、不完整的。个人信息的缺陷、过时的个人信息严重侵害个人信息主体的人格权。因此，在明确、合法目的下间接收集个人信息时，必须保证个人信息的完整、准确，并随时更新，保持最新状态。

随着信息技术的迅速发展和普及，网络虚拟空间具有的开放、交互、共享、便捷、无时空和地域限制的特点，使网上信息传播更加方便、快捷，个人信息更易浏览和扩散。因此，多数个人信息可以通过网络、采用被动方式间接收集，更增加了个人信息保护的深度和难度。

间接收集个人信息时，也应以书面形式通知个人信息主体，并对收集的个人信息提供承诺，以防止个人信息经第三方泄漏，或预防个人信息滥用。通知个人信息主体的内容，主要包括：①间接收集的目的和范围；②个人信息安全承诺；③个人信息主体应享有的相关权力；④个人信息管理者的权利和义务；⑤其他需要说明的事项等。

3. 敏感信息收集

敏感信息是涉及个人隐私的信息，一般禁止收集和处理，在某些特殊情况下收集和处理时，应特别加以保护。

一般禁止收集和处理个人敏感信息，但也存在某些例外。当符合某些原则时，可以进行收集和处理。

个人敏感信息收集和处理的原则如下：

（1）个人信息主体明确同意。个人敏感信息，如思想、身体障碍、犯罪史、性生活等，属于特殊类型的个人信息，涉及个人信息主体的隐私。如在个人信息主体不知情、不同意的情况下，擅自收集、处理，可能对个人信息主体造成严重伤害。因此，收集、处理个人敏感信息，必须经个人信息主体明确同意。

（2）直接收集。个人敏感信息必须直接从个人信息主体，或个人信息主体的法定监护人或授权的代理人收集。个人敏感信息是特殊类型的个人信息，对个人信息主体的人格权，具有特殊的风险。因此，个人敏感信息收集，不能采用被动方式或间接地从第三方获得。

（3）特殊保护。由于某些特殊需要，经个人信息主体明确同意或根据法律特别规定收集和处理个人敏感信息时，必须采取特殊的安全保障措施。

个人敏感信息的收集和处理，必须满足一定的条件：

（1）个人敏感信息收集和处理目的明确、合法。

个人敏感信息收集、处理的目的包括：①个人信息主体的重大利益；②国家法律、法规特别规定的；③公共利益所必需的。

（2）个人信息主体以书面形式明确表示同意。

（3）个人敏感信息的安全承诺。

4.4　个人信息处理

个人信息处理活动包括收集、录入、加工、编辑、存储、检索、传输等，以及其他与个人信息相关的自动或非自动个人信息处置行为。

随着社会的发展和进步，个人信息收集、处理、利用愈加频繁、愈加深入。特别是信息技术的发展，为个人信息的大批量处理提供了手段。

然而，在个人信息处理过程中，仍然存在着泄漏、篡改、恶意利用、扭曲的安全威胁。保证个人信息的准确性、完整性和最新状态，是个人信息处理的关键。

为保证个人信息的安全，个人信息处理必须满足一定的条件：

（1）必须基于明确、合法的目的。个人信息处理目的应与个人信息收集的目的相一致。个人信息收集目的是基于一个特定的目标，个人信息处理是基于这个目标所实施的个人信息使用的行为。因而，在个人信息处理中不能有悖于这个目标。明确、合法的目的，是个人信息处理的前提。

（2）必须经个人信息主体明确同意。个人信息体现个人信息主体的人格利益，任何个人信息处理，都与个人信息主体的人格权相关。个人信息主体失去对个人信息的控制，即失去对其人格利益的控制，这种权益的损失是不可能恢复的，而且可能带来安全隐患。因此，个人信息处理必须经个人信息主体明确地、毫不含糊地同意。

（3）便于个人信息主体识别。个人信息处理方式应清晰、明确，以便于个人信息主体的识别，并在不必要时可以方便地消除。

（4）必须保证个人信息质量。个人信息处理方式，必须保证个人信息的准确性、完整性，并根据个人信息的变化适时更新。

4.4.1　个人信息存储

个人信息有两种不同的保存方式：

（1）在科技高度发达的信息社会，多数个人信息的收集和处理是基于自动处理设备，如计算机系统进行的，因此，个人信息总是以文档形式存储在自动设备中。

（2）仍然有许多以人工方式收集、处理个人信息，并以文档形式用传统方式保存。

不同的保存方式均可形成个人信息数据库，可能是单一形式的，也可能是混合形式的。

个人信息存储是根据不同的应用目的，采取适当、安全、可靠的方式，将个人信息保存在个人信息数据库中，并保证有效的管理和使用。个人信息数据库涉及临时或长期保存个人信息的物理媒介，如纸质、电子、磁、光介质及传统的保存方式等，以及保证个人信息完整、安全、可靠的保存形式。

基于个人信息的特点，个人信息存储必须保证：

（1）个人信息的存储应基于特定、明确、合法的目的，并获得个人信息主体同意，且不能违背这个目的使用。所存储的个人信息文档，个人信息主体可以随时、无限制地确认其存在、保存的目的、文档管理者的相关信息及安全性等。

个人信息存储的目的与个人信息收集的目的具有同一性、符合性。由于个人信息收集的多种形态，决定个人信息存储也具有多样态，也存在个人信息被滥用、扭曲、泄漏的危险。因此个人信息存储目的必须合法、明确，即使公开信息也亦如此。

（2）个人信息存储应设定一个合理的时限，并与存储目的充分相关。个人信息不应无限制、无限期地保存，应基于存储目的，设定存储个人信息必需的时限，并在这个时限内保存。

个人信息存储与个人信息主体的人格利益充分相关，设定个人信息存储的合理时限，可以保证个人信息主体的权益。

（3）个人信息存储必须保证个人信息的质量。基于明确目的存储的个人信息，必须保证其准确性、完整性和可用性，并随时更新和完善，以保持个人信息的最新状态。

保证个人信息存储的质量，可以在个人信息处理中，保证个人信息主体描述的真实、公正，保证个人信息主体的权益不受侵害。

（4）必须保证个人信息存储的安全性，避免可能发生的泄漏、丢失、损毁、窃取、篡改和未经授权的使用。

个人信息存储与个人信息主体的人格利益充分相关，因而，必须采取相应的技术措施、建立安全管理机制，保证个人信息存储的安全。

（5）个人信息存储应有明确的记录，并由专人负责。记录应包括存储目的、存储时限、更新时间、获取方法、获取途径、存储位置、使用记录、使用目的、废弃原因和方法等。

个人信息存储是形成个人信息数据库的主要手段，是保证个人信息的可靠性、完整性、保证个人信息主体人格利益的核心。

4.4.2　个人信息直接处理

个人信息直接处理，是个人信息管理者处理、使用所拥有的个人信息。

个人信息管理者包括个人信息使用者、个人信息处理者、个人信息提供者等不同类别。个人信息管理者基于特定目的，由个人信息主体明确同意、授权、委托，收集、保存、管理、处理、利用个人信息。

个人信息处理者是个人信息收集、保存、处理、利用的机构、组织。个人信息处理者处理其合法拥有的个人信息，需要得到个人信息主体的许可授权，限制在授权范围内。个人信息处理者应履行个人信息管理者的职责。

个人信息提供者是除个人信息主体以外的个人数据提供者。个人信息提供者合法拥有的个人信息，获得个人信息主体的部分授权，并允许有限使用。个人信息提供者可以在满足一定条件下，向第三方提供个人信息，并限制在授权范围内。

个人信息使用者是利用个人信息的行为人。个人信息处理者或个人信息提供者将个人信息作为信息服务的商品，提供给个人信息使用者，个人信息使用者应支付相应的报酬。个人信息使用者与个人信息主体发生关系时，也存在同样的有偿服务关系。

个人信息管理者在处理、使用个人信息中，必须保证个人信息的准确性、完整性和最新状态，避免对个人信息主体的人格权益的侵害。

个人信息的主体是唯一的，依附于主体的属性存在，不能转让和继承，其人格利益也只能由个人信息主体唯一拥有。因此，个人信息管理者在处理、利用所拥有的个人信息时，必须书面通知个人信息主体，并征得个人信息主体的明确同意，或是为履行与个人信息主体达成的合法协议的需要。书面通知的内容应包括：①个人信息处理、利用的目的、范围；②个人信息主体享有的相关权利；③个人信息管理者的权利和义务；④个人信息的安全承诺；⑤其他需说明的事项。

4.4.3 收集目的外的处理

依据个人信息保护的基本原则，禁止超出收集目的范围收集、处理、利用个人信息，但是也存在某些例外。在某些特殊情况下，需要超出收集目的范围处理、利用个人信息主体的相关个人信息。在这些特殊情况下，处理、利用个人信息，也需要基于一个特定、明确的目的。特定、明确的目的，是收集目的外出现例外时，必须设定的目的，包括：①保护个人信息主体或公众的权利、生命、健康、财产等重大利益；②为增进公共利益，履行政府和公共职能；③保护国家安全、公共安全、国家利益、制止刑事犯罪；④法律特别规定。

基于某种特殊需要，在收集目的外处理、利用个人信息时，也可以征得个人信息主体的明确同意。

在收集目的外处理、利用个人信息主体的相关个人信息，必须保证个人信息的完整性、准确性、安全性，避免个人信息的扭曲、篡改、毁损、泄漏、扩散、滥用等，保障个人信息主体的人格权益。

收集目的外处理、利用个人信息主体的相关个人信息，应尽可能以书面形式通知个人信息主体，并征得个人信息主体的明确同意。通知的内容应包括：①个人信息收集的目的、范围；②个人信息主体应享有的相关权利；③个人信息管理者的权利和义务；④超目的范围收集、处理个人信息的特定目的；⑤超目的范围收集、处理个人信息后的处理；⑥超目的范围收集、处理个人信息的安全承诺；⑦其他需说明的事项。

4.5 个人信息利用

个人信息利用是一种特殊的处理行为，比较典型的如个人信息提供、个人信息委托、个人信息交易等。

4.5.1 个人信息提供

个人信息管理者向第三方提供合法拥有的个人信息主体的相关个人信息。

个人信息提供必须满足一定的条件：

（1）必须合法拥有个人信息主体的相关个人信息。个人信息管理者所拥有的个人信息主体的相关个人信息，是依据特定的目的，经个人信息主体明确同意，采取适当、合法、有效、适度的方法和手段，而不是采取欺诈、胁迫等不正当手段获得的，并不与目的相悖使用。

（2）必须保证个人信息主体的合法权益。个人信息体现出的人格权益，为个人信息主体唯一拥有，不能转让、继承、买卖。个人信息管理者合法拥有的个人信息主体的相关个人信息，在管理、利用或向第三方提供时，必须履行管理者的职能，切实保障个人信息主体的合法权益。

（3）必须获得个人信息主体的授权许可。个人信息管理者向第三方提供个人信息主体的相关个人信息，必须获得个人信息主体的部分授权，并在允许的目的范围内使用。个人信息主体根据自己的意愿、个人信息提供的目的、处理范围、个人信息的安全等，决定是否同意个人信息管理者提供个人信息及授权许可范围。

（4）必须保证个人信息的准确性、完整性和最新状态。必须保证个人信息在任何阶段和任何环节的准确、完整，不能随意篡改、删除、滥用，并随时更新，以保持个人信息的最新状态。

（5）必须获得第三方的书面承诺。个人信息管理者向第三方提供个人信息主体的相关个人信息时，必须获得第三方以书面或能够代替书面形式的、保证个人信息主体相关个人信息的完整性、准确性、安全性的明确承诺，预防个人信息主体相关个人信息的不正确使用或泄漏。

个人信息管理者向第三方提供所拥有的个人信息主体的相关个人信息时，必须以书面形式通知个人信息主体，征得个人信息主体的明确同意。通知的内容应包括：①个人信息收集、处理、提供的目的、范围；②个人信息主体应享有的相关权利；③个人信息管理者的权利和义务；④处理、利用个人信息的第三方的相关资料；⑤第三方处理、利用相关个人信息的时限；⑥个人信息的回收或废弃；⑦个人信息的安全承诺；⑧其他需说明的事项。

4.5.2 个人信息委托

个人信息管理者在特定、明确、合法的目的范围内，经个人信息主体同意，委托第三方收集、处理相关个人信息，或在委托业务中涉及相关个人信息。

在委托业务中，个人信息委托包含五层含义：

（1）个人信息管理者是委托业务中的委托方。在信息处理委托业务中，或在委托业务中向接受委托方提供个人信息时，个人信息管理者是所涉及的个人信息主体的相关个人信息的合法拥有者，必须履行相应的管理职能和义务。

（2）委托目的必须明确、合法。个人信息委托处理的目的必须明确、合法，并在这一目的范围内处理、使用或利用个人信息主体相关的个人信息，不可超范围、超目的随意处理。

（3）个人信息委托处理必须经个人信息主体明确同意。其包括：个人信息主体确认委托业务的目的、范围、性质；个人信息委托处理的目的、范围；个人信息委托处理的安全等，根据主体的意愿，选择是否同意委托处理。

（4）个人信息委托处理的管理。委托业务中涉及的个人信息主体的相关个人信息，可以存储在自动处理设施中，也可以其他方式保管，但必须保证个人信息的准确性、完整性、安全性，并能够随时更新，以保证个人信息的最新状态。

应制定统一的管理标准，并有明确的记录。记录应包括委托目的、委托时间、更新时间、获取方法、获取途径、管理方式、使用记录、废弃原因和方法等。

（5）接受委托方依照委托目的进行个人信息处理时，应以书面形式保证不会发生信息泄漏或信息滥用。当委托终止时，应按照委托方的要求销毁、保存或返还所处理的个人信息。

委托个人信息处理业务时，必须以书面形式征得个人信息主体的明确同意。向个人信息主体提供的相关信息包括：①个人信息委托处理的目的、范围；②个人信息主体应享有的相关权利；③个人信息管理者的权利和义务；④接受委托方的相关资料；⑤委托业务涉及个人信息的管理方式；⑥委托业务结束后，个人信息的回收方式；⑦回收后的处理方式；⑧委托业务中个人信息的安全承诺；⑨委托业务中涉及的个人信息泄漏、丢失、损毁、滥用等事故的责任和处理方式。

4.5.3　二次开发和交易

个人信息管理者将收集到的个人信息，根据特征、类别，按照一定的方式存储，构成综合的个人信息数据库。根据综合数据库反映出的不同自然人的个体特征和个人信息处理目的，对个人信息采取不同的处理方式，以满足不同个人信息管理者的需要。

个人信息收集愈详尽，个人信息处理和利用的空间愈大，增值潜力也愈大。个人信息二次开发往往与个人信息过度收集相关。各种机构、网站采用各种方式，主动地、被动地、尽可能详细地收集个人信息。通过对综合的个人信息数据库的分析，获得更多的个人信息主体未透露的信息，进一步深度开发个人信息。

个人信息收集是个人信息处理的源头，是获取巨大经济利益的途径。收集获得的个人信息，可以多次、无限制地反复处理、利用，重复获得倍增的经济利益。例如，我们在购买房产时，房地产商就拥有购房人详细的个人数据资料。房地产商收集购房人个人信息资料的目的，可能是非商业的，是为便于与购房人之间的联系。如果房地产商将相关的、综合的个人信息数据库，提供给其他不同的商业机构使用，购房人就可能难以摆脱房屋装修、家具制造、家用电器、房屋中介等不同商品经销商的纠缠，甚至，商业机构可以分析出购房人的习惯、爱好等，以便获取更大的利润。

房地产商将相关的、综合的个人信息数据库，提供给其他不同的商业机构使用，是一种个人信息交易行为。个人信息交易包括个人信息管理者之间交换所掌握的个人信息，这种交换可能是基于各自的商业利益、个人信息管理者出售所掌握的个人信息等。

不论什么情况，个人信息交易多数是在个人信息主体不知情或不能控制的情况下进行的，直接侵犯了个人信息主体的知情权、控制权等合法权益，对个人信息主体的危害更为严重。因此，任何个人信息相关交易，都必须获得个人信息主体的明确同意。

在个人信息交易中，个人信息主体失去对个人信息的控制，意味着个人信息控制权的不可恢复。个人信息是有形的，其物质形态是可以恢复的。但是，个人信息体现的潜在的价值特征，是无法恢复的，个人信息主体的人格权益不可逆转地灭失。人格权益的灭失，对个人信息、个人信息主体产生巨大的安全隐患和威胁。

4.6 个人信息的后处理

个人信息的后处理是指个人信息处理、利用之后的处理方式。个人信息应在处理、利用之后采取相应的安全措施，保证没有丢失、泄露、损毁、篡改、不当使用等。

个人信息处理、利用之后，应明确以下几点：

（1）个人信息主体同意方式。个人信息的后处理方式，必须与个人信息主体意愿符合，存在三种情况：

①处理、利用个人信息征得个人信息主体明确同意，并说明了后处理方式。

②处理、利用个人信息征得个人信息主体明确同意，但没有说明后处理方式，则必须征询个人信息主体的意见。

③合同约定方式。

（2）个人信息质量。个人信息处理、利用之后，如果需要继续保存、使用或返还，必须保证个人信息的准确性、完整性和时效性。

（3）后处理的彻底性。个人信息处理、利用之后，如果不需要继续保存、使用或返还，必须彻底销毁，即使琐碎信息也不能遗留。

个人信息的后处理，根据处理、利用的不同，采取不同的方式：

（1）时限。如前所述，个人信息存储应设定时限，超过时限应根据个人信息主体的意愿，采取适宜的安全措施，如继续保存、销毁、返还等。

（2）处理和使用。个人信息处理、使用后，必须彻底销毁与个人信息相关的文档、介质等及其记录的个人信息，除非另有约定，如前所述情况。即使返还，也不应保存与个人信息相关的信息，必须注意文档、介质的敏感性。

（3）利用。个人信息利用是木桶效应的短板，具有极大的安全隐患。个人信息利用后，必须严格按照约定，采取相应的安全措施。个人信息提供者、委托方必须监督接受者或受托方返还或销毁个人信息，按照约定，处置与个人信息相关的文档、介质等。

第5章　个人信息安全管理机制

个人信息安全管理机制是个人信息管理者对所拥有的个人信息，在收集、处理、利用过程中采取的安全保护措施。

个人信息安全管理与整体信息安全防护体系是密不可分的。在建立整体信息安全防护体系时，从物理、技术、管理等角度采取相应的个人信息安全保护措施，制定合理的安全策略，确保个人信息管理、使用的安全。

5.1　信息资源

信息资源管理是信息安全的保障，是个人信息管理者发展的支撑。随着信息资源开发、应用的深入，信息资源的重要性日益凸显，其安全价值愈益重要。

信息资源是个人信息管理者逐步累积的信息、信息系统、生产、服务、人员、信誉等有价值的资产。与个人信息相关的信息资源涵盖了与个人信息相关的信息技术、信息设施、信息系统、信息内容、相关人员及其他支持和配套设施等，主要包括七类：

（1）信息资产，包括个人信息数据库及相应文件、合同和协议、个人信息保护体系文档等个人信息管理者运营、服务涉及个人信息的数据、信息等。

（2）软件资产，包括系统软件、应用软件、工具软件、开发工具、服务等支撑管理、业务运营的存储、处理信息的软件。

（3）硬件资产，包括保证管理、业务等运行的基础设施，如计算机设备、网络设备、通信设备、移动介质及其他相关设备等。

（4）物理资产，包括门禁、监控等保证工作环境安全的物理设施。

（5）人员资产，即个人信息保护体系涵盖的各类员工。

（6）无形资产，包括姓名、荣誉、名誉、肖像等没有实体形态、具有潜在利益的个人信息资源。

（7）服务，包括资源管理、数据通信等个人信息管理者所提供的各种服务。

基于网络的信息资源安全，包括基础网络平台、系统、应用系统、数据、传输、安全系统、环境、运行等涉及的资源的安全。安全威胁包括不可抗的自然因素、设备和系统（包括应用系统）存在的缺陷、人为因素等。

信息资源的安全管理，涵盖个人信息的安全。应根据个人信息安全不同的需要，划分信息资源类型：

（1）结合风险管理，确定在个人信息保护体系实施、运行中资源的敏感、关键程度。

（2）在涉及个人信息的管理、业务中所关联资源的重要性。

（3）涉及资源的个人信息的价值。

（4）资源的安全等级。

5.2　信息安全简述

信息安全是内涵和外延都非常宽泛的概念。广义的信息安全，大到涉及国家军事、经济、政治的信息安全，小到商业、工业、社会生活、公民个人等信息的安全。狭义的信息安全，根据环境、地理位置、行业等的不同有不同的理解。与 IT 相关的信息安全，使计算机信息系统规划、设计、建设、运行、技术支持等的相关环境、信息资源得到保护，不因偶然的或恶意的因素受到破坏、泄露、损毁、篡改，保证系统连续、可靠、稳定运行。本书以此信息安全定义为基准。

信息安全涉及各种安全理论、技术和管理，包括多层次信息资源，必须全方位规划，形成从基础到核心、从低端到高端的多层防御系统。

信息安全的基本目标包括以下内容：

（1）保密性，是指保证信息在存储、使用、处理、传输、交换过程中不会泄露，或无法理解真实含义。

（2）完整性，是指保证信息在存储、使用、处理、传输、交换过程中不被篡改，保持信息的一致性。

（3）可用性，是指保证授权用户合理、可靠、实时使用信息资源，不被异常拒绝。

（4）真实性，是指判断、鉴别信息来源的真实、可靠。

（5）不可抵赖性，是指保证信源与信宿对其行为的责任和诚实。

信息安全具有五个特性：

（1）信息安全的全面性。

根据传统的木桶理论，木桶是由许多块长短不同的木板制作的，木桶容水量大小取决于其中最短的那块木板，而不是其中最长的那块木板或全部木板长度的平均值。因此，提高木桶整体效应的关键世最短的那块木板的长度。

根据这一理论，在信息安全中，信息安全程度取决于系统中最薄弱的环节。但同时应看到，木桶是一个整体结构，其桶底的承载力、桶箍的耐受力和其他木板的合力，构成了木桶的整体效应。因此，桶底的承载力即是信息安全的基础，而桶箍的耐受力和其他木板的合力构成了信息安全的关键。在改善信息安全薄弱环节的同时，应在风险评估的基础上，构建信息安全整体框架，坚固信息安全的基础，加强信息安全的关键。

（2）信息安全的过程性和完整性。

信息安全是一个动态的复杂过程，贯穿于信息资源和信息系统的整个生命周期。这个生命周期包括一个完整的安全过程，这个过程包括系统的安全目标与原则的确定、系统安全的需求分析、系统安全策略研究、系统安全标准的制定、风险分析和评估、系统安全体系结构的研究、安全工程实施范围的确定、安全方案的整体设计、安全技术与产品的测试与选型、安全工程的实施、安全工程实施的监理、安全工程的测试与运行、安全教育与技术培训、应急响应等。

（3）信息安全的动态性。

随着信息技术的不断发展，潜在的安全威胁越来越大，攻击和病毒的出现越来越频繁，越来越花样百出。因此，安全策略、安全体系、安全技术也必须动态调整，使安全系统不断更新、完善、发展，能够在最大程度上发挥效用。

（4）信息安全的多层次立体防护。

信息系统的威胁是始终存在的，应用和实施基于多层次立体防护安全系统的全面信息安全策略，采用多层次的安全技术、方法和手段，增加攻击者侵入所花费的时间、成本和所需要的资源，可以有效地降低被攻击的危险，达到安全防护的目标。

（5）信息安全的相对性。

信息安全是相对的，没有100%的安全。所有安全问题必须与相应的风险、成本和效益进行定性、定量分析。信息安全的多层次防护就是基于这一共识制定的策略、方案和承诺。

5.3　信息安全防护体系

随着全球信息化成为人类发展的大趋势，对信息资源的依赖越来越大，信息已经成为人类的重要资源，在政治、经济、军事、教育、科技、生活等社会发展的各个方面发挥着重要作用，由此带来的信息安全问题也变得日益突出。

引起信息安全问题的原因是多方面的，有物理因素、技术因素，也有社会因素，但因管理不善引发的安全问题是主要的。据统计，在所有的信息安全事件中，只有20%～30%是由于黑客入侵或其他外部原因造成的，70%～80%是由于内部员工的疏忽或有意泄密造成的。因此，人的因素是信息安全的关键。

信息安全防护体系是信息安全管理体系、信息安全防御体系共同构建的深层次防护体系。信息安全防御体系是基于信息安全防御技术构建的多层次、多因素、多目标、多维分级的深层结构，根据信息资源安全防护的不同等级，从各个层面，包括网络设施、系统主机、系统边界、基础支撑设施、安全设施等，应用、部署并实施整体信息安全策略，保障信息与信息系统的安全，实现预警、保护、检测、响应和恢复。

信息安全管理体系（ISMS）是多方面、深层次的，是整体信息安全防护体系中重要的一环，通过系统、全局的信息安全管理整体规划，确保用户所有信息资源和业务的安全与正常运行。

ISMS是人、技术、管理的有机结合和有效实施。ISMS利用风险分析管理工具，结合信息资源列表、系统威胁来源的调查分析，以及系统安全脆弱性评估等的结果，综合评价影响用户整体安全的因素，据此制定适当的信息安全策略和信息安全工程标准，以降低潜在的风险威胁。

构建信息安全管理体系，制定清晰的信息安全策略、明确的信息安全机制，以及安全管理、安全服务理念；建立各种与信息安全管理构架一致的相关文档、文件，并进行严格管理；对实施信息安全管理过程中出现的各种信息安全事件和安全状况进行严格的记录，并建立严格的反馈流程和制度。

信息安全策略，是组织中解决信息安全问题的重要基础，它定义了信息安全的目标和实现目标的方法。信息安全策略由两部分组成：①基本策略，即信息安全涉及的安全领域和相关安全问题的描述；②功能策略，即实现基本策略描述的各安全领域功能的方法和解决相关安全问题的方法。

信息安全机制，是实现安全策略的保障，是信息安全工程实施的特定技术和手段保证。根据 GB/T 9387.2—1995（ISO 7498－2—1989）《信息处理系统开放系统互连基本参考模型——第 2 部分　安全体系结构》标准，有八类安全机制，如加密机制是保证信息的保密性；数字签名和验证是保护信息来源的真实性、合法性；安全认证是保证信息的完整性，防止信息被修改、插入和删除等。安全管理包括管理和技术两个方面：建立安全管理规范，规范组织或个人使用系统的行为和活动；建立高效的技术管理平台，包括系统管理和安全管理。

根据信息安全的基本目标和信息安全的特性，构建七层信息安全防护体系。

（1）物理安全。物理安全是保证信息系统各种设备及环境设施的安全而采取的措施，是整体信息安全防护体系的根基，支撑计算机信息系统安全、可靠、持续运行的基本保障。

在整体信息安全防护体系中，物理不是描述物质属性和物质运动状态的物理学的概念，而是泛指安全防护对象的性质和特征所表达的实体。因此，物理安全又称为实体安全。

实体安全是为保证计算机信息系统在信息采集、传输、存储、处理、显示、利用等过程中，安全、稳定、可靠运行，避免因人为或自然因素的危害，造成信息丢失、泄漏、破坏等，对计算机信息系统环境、计算机信息系统相关设备、存储媒介及设备等信息资源所采取的安全防护技术。实体安全主要包括以下内容：

①环境安全，包括场地环境、供电、空气调节与净化、自然灾害等。在国标 GB 50173－93《电子计算机机房设计规范》、国标 GB 2887－89《计算站场地技术条件》和国标 GB 9311－88《计算站场地安全要求》等标准中有明确的说明。

②设备安全，主要包括设备的防盗、防毁、防电磁信息辐射泄漏、防止线路截获、抗电磁干扰及电源保护等；

③媒介安全，包括存储媒介中数据的安全及媒介本身的安全等。

（2）平台安全。平台安全是系统应用的基础，保证操作系统和通用基础服务的安全。基础平台是信息系统应用必备的基础设施，为信息系统应用提供安全、可靠、稳定的硬件平台、软件支撑平台和安全平台，是信息系统应用的保障。信息系

统平台主要包括以下内容:

①网络基础平台,主要包括网络交换设备、路由器、存储系统,以及网络结构的优化等;

②系统平台,主要包括操作系统、支撑软件(如 Unix、Linux、Windows)、网络协议,以及数据库系统等。

③应用系统平台,主要包括应用服务器,如 Web/DNS/Ftp/Mail 等及相应的应用系统。

④系统安全平台,主要包括防火墙、漏洞检测、入侵检测及其他安全手段等。

(3)数据安全。数据安全是系统应用的核心,用于防止数据丢失、崩溃和被非法访问。数据安全主要指数据的完整性和可用性、数据访问的控制、数据存储与容灾、存储介质的安全等。

(4)通信安全。通信安全即保障系统之间通信的安全。系统之间的通信是非常脆弱的,包括传输线路和网络基础设施的安全、各项网络协议的运行漏洞、数据传输的安全等。

(5)应用安全。应用安全即保障应用系统的安全运行。应用系统本身的安全是脆弱的,对信息系统的威胁是致命的。因此,对各类应用软件的可靠性、可用性、安全性等进行测试是必要的。

(6)运行安全。系统投入运行后,为保障系统的稳定性、可靠性,必须长时间监测系统的安全,包括网络系统的安全、网络安全产品运行安全、应急处置机制、灾难预防与恢复、系统升级等。

(7)管理安全。这是指对上述各个层次的安全进行管理。针对各个层面的安全风险,进行系统安全评估,制定信息安全策略,建立信息安全机制和完善安全管理制度,包括:①根据信息资源、项目的重要程度,确定系统的安全等级;②根据确定的安全等级,明确安全管理的范围;③制定完善的系统运行、维护制度,如人员管理、文档管理、数据管理、设备管理、软件管理、运行管理、机房管理等;④制定相应的管理规范、规章、标准等;⑤制定应急处理机制等。

5.4 个人信息安全

5.4.1 物理安全

物理安全是整体信息安全防护体系的根基,是支撑计算机信息系统安全、可靠、持续运行的基本保障,也是个人信息防护的基础。

在个人信息安全中,物理安全同样是基于整体信息安全防护体系,对工作场所及周边和相关环境中,信息资源、个人信息避免自然的、环境的灾害、人为的故意或非故意失误等的安全防护。

个人信息管理者应根据整体信息安全防护体系的设计,考虑个人信息的特点,制定个人信息物理安全防护措施。

（1）环境安全。个人信息存储、保管、处理与场地环境有相对密切的关系，存储、保管、处理设施、介质本身的物理属性无法改变，场地环境是可以改善的。

环境安全是指个人信息管理者经营场地、员工个人工作场所及与之相关的周边环境的安全。环境安全包括以下内容：

①环境安全设施，如门禁系统、监控系统、消防设施等及其他保护经营场地、员工个人工作场所及与之相关的周边环境的物理设施。

②环境安全因素，包括防火、防盗及其他自然灾害、意外事故、人为因素等。

（2）与管理措施结合。保证个人信息的物理安全，应建立相应的管理机制。管理机制如制定安全策略、安全管理规范，建立安全机制、人员约束机制等。

（3）技术保障。保证个人信息的物理安全，应利用相关的技术保障。物理安全保障需要将安全管理与安全技术有效衔接，强调人、技术和管理的有机结合。

5.4.2 安全管理机制

安全管理机制是按照整体信息安全防护系统的设计，为实施个人信息安全的管理和控制，依据威胁个人信息安全的内部规律和环境影响的有机联系，构建的安全防护系统。

ISO/IEC 27002：2005《信息安全管理实施细则》制定了资产管理、物理和环境安全、人力资源安全、访问控制等与信息安全管理相关的一系列的规则，对构建个人信息安全管理机制有所裨益。

安全管理机制的核心是人，是由人、技术和管理共同构建的。物理安全、技术安全已经储备了相当充分的信息安全知识、专业、方法、工具，因此，构建安全管理机制的核心是保证管理安全。管理安全主要包括以下内容：

（1）环境管理。注意工作环境内所有与个人信息相关资料的保护，防止未经授权的、无意的、恶意的使用、泄漏、损毁、丢失。

（2）出入管理。出入工作场所时，可能通过电子设备、资料文件等电子、纸质文档、材料携带个人信息，可以采取出入登记制度，并说明保密规定。

（3）登记备案管理。与个人信息相关资料的使用、借阅，应采取登记备案制度。登记应署真实姓名、部门、使用目的、使用方法及安全承诺。违反登记备案制度，应予以处罚，并承担赔偿责任。

（4）文件管理。对含有个人信息的各类电子、纸质文件、计算机系统中的文件夹等应采取相应的防护措施，防止个人信息的泄漏、盗取、恶意使用、损坏、未经授权的使用。

（5）终端管理。

①接口管理。这是指对涉及个人信息处理、利用的计算机系统，在通信过程中常用的接口如 USB 等，应制定相应的管理和使用制度。

②屏幕管理。这是指计算机系统在处理个人信息过程中，应注意计算机屏幕的安全防护，预防个人信息的泄漏、盗取、恶意损坏。

③桌面管理。这是指对涉及个人信息处理、利用的计算机系统，应实行统一的

安全管理、审计和监控，避免因各种安全缺陷造成个人信息泄漏。

④端口管理。这是指对涉及个人信息处理、利用的计算机系统，个人信息管理者应注意管理和监控端口的变化，防止因端口隐患造成个人信息的泄漏。

⑤存储管理。这是指保证个人信息相关存储内容的准确性、完整性、可靠性和有效调用；保证保存个人信息的可移动存储媒介（包括磁介质、纸介质等）的安全使用、保存和处置；保证个人信息的备份和恢复管理，以及备份和恢复个人信息的完整性、可靠性和准确性。

（6）信息交换管理。在与外部网络、电子邮件等的信息交换过程中，应特别制定强有力安全措施，预防安全隐患和威胁。

（7）人员管理。人是信息安全，也是个人信息安全的核心。应明确与个人信息相关人员的权限、责任，加强人员管理，防止未经授权的对个人信息的访问。

（8）其他管理。涉及个人信息处理的计算机系统，使用权限、启动设置等使用功能，应注意采取安全措施，防止个人信息的泄漏、盗取、恶意使用、损坏、未经授权的使用。

构建个人信息安全管理机制，加强管理安全，应根据 ISO 27002 和 ISO 27001 标准，在信息安全管理体系整体框架下，对信息资源整合、分类，制定相应的安全策略，包括物理安全策略、技术安全策略、安全体系安全策略、事件应急响应策略、人员管理策略等。

5.4.3 技术安全

技术安全是整体信息安全防护体系的保障，为信息安全管理提供技术支撑。

技术安全是为保障信息安全采用的知识、专业、技术等方法和手段，包括风险管理、基础平台安全、系统软件平台安全、应用系统安全、存储安全、安全平台安全、访问控制等。

个人信息的技术安全，是整体技术安全的一部分。整体技术安全中，个人信息的安全防护，是整体信息安全防护体系的重要一环，必须将个人信息的丢失、损毁、泄漏、滥用等安全威胁降到最低。

1. 风险管理

绝对的信息安全是不存在的，将不安全因素或风险降低到可接受范围内，是相对安全的。个人信息风险管理就是研究个人信息所处环境中可能存在的缺陷、漏洞及面临的威胁。通过安全风险评估技术，观察、测试、收集、评估、分析个人信息存在风险的不确定性及可能性等因素，制定风险管理策略和方法，避免和减少风险损失。

风险存在于自然科学、政治、军事以及经济、社会生活诸多方面，至今还没有统一的定义。《大项目风险分析》（Cooper D. F、Chapman C. B）一书中的定义是比较权威的。"风险是由于从事某项特定活动过程中存在的不确定性而产生的经济或财务的损失、自然破坏或损伤的可能性"，即"不确定性对目标的影响"（这是 ISO 采纳的我国专家对风险的定义）。

风险管理是以可确定的管理成本替代不确定的风险成本，以最小的经济代价，实现最大安全保障的科学管理方法，其核心是风险的识别、分析、评估和处理。

（1）风险因素

风险因素是构成风险源的基本单元，一个风险源，可能由多个风险因素构成，这些因素，可能是风险源固有的，也可能是互相关联的。因此，在风险识别中，应明确风险源相关的风险因素，采取相应的策略。

威胁个人信息的风险因素可以分为危险因素和危害因素：

①危险因素，是风险源存在可能突发或瞬时发生个人信息危害的因素，如载有个人信息的笔记本电脑突然丢失、网络突然受到攻击、自然灾害等。危险因素分为可以预测的和不可预知的。例如，载有个人信息的笔记本电脑突然丢失、网络突然受到攻击是可预测的，应采取预防措施；自然灾害是不可预知的，但应有应急机制。

②危害因素，是逐渐累积形成个人信息危害的因素。危害因素可能存在多个风险源中，在这些风险源的共同作用下，危及个人信息的安全。许多看似简单的风险，如果不采取相应的措施，可能逐渐累积形成危害因素。

危险因素和危害因素是相对的，在一定条件下可能转化。如果弱化个人信息安全管理，危害因素可能转变为危险因素；如果重视个人信息安全管理，就有可能规避、弱化可能存在的危险因素，并逐步降低风险等级，直至消弭。

（2）风险识别

风险识别主要是对个人信息内在的、环境的因素进行分析，根据分析的结果，识别个人信息的潜在价值、安全威胁，以此为基础分析安全隐患可能造成的影响、灾难、损失等，评估事件的风险等级，制定、实施安全策略，保证个人信息的正确性、完整性、安全性和最新状态。

风险来源是多样的，主要包括个人信息收集风险（收集目的、收集技术、方式和手段等）、个人信息利用风险（利用目的、利用方法和范围、利用背景等）、个人信息提供风险（使用目的、使用方法和手段、接受者背景等）、个人信息处理风险（处理目的、处理方式、处理方法和手段、后处理方式等）、个人信息委托风险（委托目的、委托接受人、委托回收等）、个人信息传输风险（传输方式和手段、传输的安全措施等）、个人信息管理风险（个人信息管理者的素质、权利和义务、管理方式）等。

所有个人信息收集、处理、利用等行为，都存在个人信息的正确性、完整性和最新状态的风险。

风险识别一般考虑信息资源的风险识别和个人信息保护体系的风险识别：

①信息资源的风险识别（见表5—1）

个人信息管理者实施个人信息安全风险识别，应以保护目的和个人信息管理者的现状为基础，考虑日常管理、技术管理和业务流程涉及个人信息部分所关联的信息资源。对这些信息资源中每一项可识别的需要保护的资源，确认可能面临的威胁。区分关键的、需重点防护的，以及次要的但也需保护的和不需专门关注的。

表 5—1   信息资源风险识别

资源识别	风险描述	应对措施
复印机、打印机、传真机输出资料	所涉及个人信息泄露、丢失	强化管理：如权限、责任人职能等
员工门禁卡	丢失、转借	强化管理措施、宣传和教育
身份证、护照、驾驶证等	泄露、复印件被盗取或者丢失	强化管理措施、宣传和教育
网络受到攻击	个人信息泄露	加强技术和管理措施
笔记本无线网卡上网	个人信息泄露	禁止或采取技术和管理措施

信息资源风险主要表现如下：

第一，资源依赖度，涉及个人信息的管理、业务对各类资源的依赖程度，依赖度越高，风险越大。

第二，资源价值，与管理、业务涉及个人信息部分关联的各种资源，依赖程度越高，价值越大，风险越大。

第三，资源管理者、使用者的个人责任，以及自然的或人为的、意外的或故意的行为等对资源的潜在风险。

第四，环境因素，是指资源所处环境的安全。

②个人信息保护体系的风险识别

个人信息保护体系在构建过程和构建完成后，是存在安全风险的：

第一，设计缺陷，是个人信息保护体系构建中存在的技术缺陷，如个人信息保护管理机制的设计、个人信息保护监察机制的设计、信息安全机制的设计、个人信息保护认证机制的设计，或标准、规范等存在的弱点等。

第二，运行管理缺陷，是个人信息保护体系运行管理过程中可能引发的潜在威胁。

第三，改进管理缺陷，是个人信息保护体系在持续改进过程中可能引发的潜在威胁。

个人信息保护体系的安全风险，主要表现如下：

第一，最高管理者的意志和意识。如果最高管理者仅仅选择形式，则体系形同虚设。

第二，个人信息保护管理机制的设计。如果管理机制设计不合理，将造成管理机构职责不清、管理制度生搬硬套、员工个人信息安全意识不清等。

第三，技术管理，是保障个人信息安全的信息安全技术，如网络安全、存储安全、环境安全、传输安全等，应与整体信息安全统一规划、设计，并考虑个人信息安全的特殊性。

第四，业务流程管理，是应充分考虑业务流程中与个人信息关联的风险因素的管理策略。

第五，过程改进缺陷，是应注意个人信息保护体系在过程改进中可能引发的潜在威胁的管理策略。

③风险分类

风险因固有的危险或危害因素不同形成不同的类别。根据危险或危害因素分类，便于识别和分析个人信息风险。按照风险发生的直接原因，个人信息安全风险可以分为五类：

第一，业务性的危险或危害因素，即涉及个人信息的业务流程中存在的风险。

第二，管理性的危险或危害因素，即管理中涉及个人信息业务存在的风险。

第三，环境性的危险或危害因素，即与个人信息安全相关的环境及员工工作位置与个人信息安全相关的环境存在的风险。

第四，行为性的危险或危害因素，即与个人信息相关的个人的行为可能存在的安全风险。

第五，心理性的危险或危害因素，即基于人性的弱点可能产生的个人信息安全风险。

个人信息安全风险可以采用定性描述方式。定性描述是采用软评价方法，根据知识、经验和实践对与个人信息相关业务、管理、行为、设备、环境等的状况进行定性的判断和评估。

在风险分析中，个人信息安全风险发生的可能性、发生的频度难以定量表达，因而，采用定性的方式描述是较为可行的。

依据规范对分析和确认的各类风险因素的风险源、风险特征、风险发生的可能性、可能的风险频度、显性或潜在的影响，以及事件发生的应对措施等进行定性描述。

个人信息风险管理应在实施整体信息安全风险评估时充分考虑收集、处理、利用个人信息时可能存在的风险，采取可能的应对策略：

（1）规避。在收集、处理、利用个人信息前，对已识别的个人信息风险，应采取更安全的方式、方法，事前规避风险。

（2）弱化。在收集、处理、利用个人信息前，对已识别的个人信息风险，也可采取更安全的方式、方法，使残余风险降低到可接受的程度。

风险是动态变化的，在收集、处理、利用个人信息过程中，应注意个人信息潜在的、新的风险的多样性、可变性。

2. 技术管理策略

技术管理策略是为保障个人信息安全，进行信息资源安全管理应遵守的规则。它与整体信息安全管理体系相关，在构建 ISMS 过程中，考虑个人信息安全管理的与技术管理相关的策略。

技术管理策略如下：

（1）基础平台是信息系统应用必备的基础设施，为信息系统应用提供安全、可靠、稳定的硬件平台、软件支撑平台和安全平台。基础平台安全是信息系统应用的保障，也是个人信息安全应该关注的焦点。基础平台安全主要包括：

①网络基础平台，是指安全、合理的网络架构和网络配置，以及网络结构的优化等。

②存储系统，是指个人数据资料存储、备份、冗灾的方式、周期等。

③数据传输，是指个人数据资料传输的安全，包括加密、传输介质、协议漏洞等。

④安全系统平台，是构建整体信息安全管理体系采用的安全设备的自身安全，也是保障信息安全的基础。

⑤系统平台，是指在构建整体信息安全管理体系中，承载各项应用的系统平台的安全防护，可以提供安全保障。

（2）访问控制技术是通过不同的方法和策略实现个人信息访问的安全控制，以保护个人信息，避免未经授权的使用和访问。

①访问控制策略。可以根据个人信息不同的安全要求，制定不同的访问控制策略，包括：第一，自主访问控制，即分配访问个人信息的控制权限；第二，强制访问控制，即为个人信息和个人信息的访问分配不同的安全属性，确定访问控制权限；第三，角色访问控制，即根据使用个人信息的角色需求确定访问控制权限。

②权限管理。访问控制权限管理可以包括系统登录控制、访问权限控制、目录级安全控制、属性安全控制。

③密钥管理。个人信息的访问密钥管理包括制定密钥管理策略、密钥生成管理、密钥查询管理、密钥备份和恢复管理、密钥注销管理、相关人员职责权限管理、密钥文档管理等。

（3）病毒防护。制定病毒预防策略，阻断病毒的传播途径，防止因病毒感染造成个人信息的损毁；制定个人信息相关应用的恢复策略，当感染病毒后，可以立即恢复，并保证个人信息的完整性、准确性和可靠性。

在整体信息安全管理体系中，应构建与个人信息存储、管理相关的所有信息资源的安全防护，为个人信息提供安全保障。

在个人信息存储、管理、处理过程中，应制订监控、应急和恢复计划，预防可能发生的安全威胁。

5.5　信息安全与个人信息安全

ISO/IEC 27002：2005《信息安全管理实施细则》（Code of Practice for Information Security Management Systems）（原 ISO/IEC 17799：2005）和 ISO/IEC 27001：2005《信息安全管理体系要求》（Specification for Information Security Management Systems）是建立信息安全管理体系的两个重要标准。这两个标准来源于英国国家标准局制定的 BS 7799 - 1《信息安全管理实施细则》和 BS 7799 - 2《信息安全管理体系规范》。2000 年 12 月，BS 7799 - 1：1999 通过了国际标准化组

织 ISO 的认可，正式成为国际标准 ISO/IEC 17799 - 1：2000《信息技术—安全技术—信息安全管理实施细则》，经最新改版，发展为 ISO/IEC 17799：2005 标准。经过更新，于 2007 年 7 月 1 日正式发布为 ISO/IEC 27002：2005，更新只在于标准号码的变更，内容并没有改变。2005 年 10 月，BS 7799 - 2：2002 经过对内容重新调整和加强，正式改版为 ISO/IEC 27001：2005《信息技术—安全技术—信息安全管理体系——要求》。

ISO/IEC 27002 标准是一个详细的安全管理标准，几乎包括了信息安全内容的所有准则，强调建立信息安全管理体系的有效性、经济性、全面性、普遍性和开放性。

ISO/IEC 27002 并不能实现信息安全的绝对性，但可以将信息安全风险的发生概率降低，保证用户所有信息资源和业务的安全与正常运行。

ISO/IEC 27001 强调整体信息安全管理，为建立信息安全管理体系提供规范的操作规程。ISO/IEC 27001 明确了信息安全管理体系建立、实施和维护的要求、应遵循的风险评估标准，以及如何应用 ISO/IEC 27002 标准。

个人信息安全是整体信息安全中重要的一部分。ISO/IEC 27002：2005 也提出了个人信息保护应符合法律要求（15.1.4 Data protection and privacy of personal information）。因此，依据 ISO/IEC 27002 和 ISO/IEC 27001 设计整体信息安全管理体系时，应特别关注个人信息安全的防护。

个人信息安全管理机制，基于 ISO/IEC 27000（或等同采用 ISO/IEC 27000 的国家标准），考虑个人信息主体权利、个人信息的特质构建。二者的异同包括：

（1）信息安全标准是信息资源安全管理的准则。针对信息资源的安全，制定了详细的管理细则。个人信息安全管理则通过个人信息的保护，保障个人信息主体的权益。

（2）个人信息保护依然涉及信息资源的安全，但必须注意个人信息存在的多样态变化及对信息资源产生的影响、发生的变化。

（3）个人信息处于复杂、多变的环境中，呈现出多样性，因而，个人信息风险发生的可能性，随环境的变化、个人信息多样态的变化，风险因素亦随之增加或减少，风险事件发生的可能性亦随之增大或减小，可能产生不同的风险影响。

5.6　社会工程学管理

5.6.1　社会工程学与个人信息侵害

在信息安全领域，社会工程学（Social Engineering）是在人与人的交往中，利用人性的弱点，如本能的反应、好奇心、信任、贪婪等，运用心理学知识，以交谈、欺骗、伤害等手段，获取利益的方式，是非传统的攻击行为。

在传统的信息安全领域，往往依赖于防火墙、入侵检测系统、行为审计、授权认证、数据加密、杀毒软件等先进的技术管理手段，忽略了人内在的心理因素。

　　人是信息安全的核心，是"木桶效应"的短板。当信息安全技术愈益先进、信息安全防御体系愈益坚固，利用传统的技术手段入侵、攻击也愈益困难。转而采用非传统的方式，攻击人的心理防线，利用人的弱点，是易于实现的，且成本、风险相对较低。

　　世界著名黑客凯文·米特尼克（Kevin David Mitnick）2002 年出版的《欺骗的艺术》（The Art of Deception）一书，堪称社会工程学的经典之作。正如该书中译本序言中所说："《欺骗的艺术》将会展示政府、企业和我们每一个人，在社会工程师的入侵面前是多么的脆弱和易受攻击。在这个重视信息安全的时代，我们在技术上投入大量的资金来保护我们的计算机网络和数据，而这本书会指出，骗取内部人员的信任和绕过所有技术上的保护是多么的轻而易举。"书中详细描述了许多运用社会工程学入侵网络系统的方法，这些方法并不需要太多的技术基础，然而，一旦懂得如何利用人性的弱点，就可以轻易地潜入安全防护最严密的网络系统。

　　凯文·米特尼克在《欺骗的艺术》一书中介绍了一个经典的欺骗案例。通过这个案例，我们可以窥见社会工程学对个人信息安全的威胁。以下是这个案例原文的译文：

　　企业资产安全最大的威胁是什么？很简单，社会工程师。一个无所顾忌的魔术师，用他的左手吸引你的注意，右手窃取你的秘密。他通常十分友善，很会说话，并会让人感到遇上他是件荣幸的事情。我们来看一个社会工程学的例子：

　　许多人都已记不起一个叫斯坦利·马克·瑞夫金（Stanley Mark Rifkin）的年轻人，以及他在洛杉矶的美国保险太平洋银行（Security Pacific National Bank）的冒险小故事了。他的劣迹很多，瑞夫金（同我一样）从未把自己的故事告诉过别人，因此，下面的叙述基于公开的报道。

获得密码

　　1978 的一天，瑞夫金无意中来到了美国保险太平洋银行的授权职员准入的电汇交易室，这里每天的转款额达到几十亿美元。瑞夫金当时工作的那家公司恰巧负责开发电汇交易室主机宕机情况下的数据备份系统，这给了他了解转账程序的机会，包括银行职员拨出账款的步骤。他了解到被授权进行电汇的交易员每天早晨都会收到一个严密保护的密码，用来进行电话转账交易。

　　电汇室里的交易员为了记住每天的密码，图省事把密码记到一张纸片上，并把它贴到很容易看得见的地方。11 月的一天，瑞夫金有了一个特殊的理由出入电汇室，他希望可以瞥到这张纸。

　　到达电汇室后，他做了一些操作过程的记录，装作在确定备份系统的正常工作。借此机会偷看纸片上的密码，并用脑子记了下来，几分钟后走出电汇室。瑞夫金后来回忆道："感觉就像中了大奖。"

转入瑞士银行账户

　　瑞夫金在下午 3 点左右离开电汇室，径直走到大厦前厅的付费电话旁，塞入一枚硬币，打给电汇室。此时，他改变身份，装扮成一名银行职员——工作于银行国际部的麦克·汉森（Mike Hansen）。电话交谈大概如此：

"喂，我是国际部的麦克·汉森。"他对接听电话的小姐说。小姐按正常工作流程请他提供办公电话。"286，"他已有所准备。小姐接着说："好的，密码是多少？"瑞夫金曾回忆他那时"兴奋异常"。"4789"他尽量平静地说出密码。接着他让对方从纽约欧文信托公司（Irving Trust Company）贷 1020 万美元到瑞士苏黎世某银行（Wozchod Handels Bank）他已经建立好的账户上。对方说："好的，我知道了，现在请告诉我转账号。"

瑞夫金吓出一身冷汗，这个问题事先没有考虑到，在他设计的方案中出现了纰漏。但他尽量保持自己的角色，十分沉稳，并立刻回答对方："我看一下，马上给你打过来。"然后，他装扮成电汇室的工作人员，给银行另一个部门打电话，得到账号后，电话反馈给接听电话的小姐。对方收到后说："谢谢。"（在这种情况下说"谢谢"，真是莫大的讽刺）

成功结束

几天后，瑞夫金乘飞机来到瑞士提取了现金，他拿出 800 万通过俄罗斯一家代理处购置了一些钻石，然后把钻石封在腰带里通过了海关，飞回美国。瑞夫金成功地实施了历史上最大的银行劫案，他没有使用武器，甚至不用借助计算机的协助。奇怪的是，这一事件以"最大的计算机诈骗案"为名，收录在吉尼斯世界纪录中。

斯坦利·瑞夫金用的就是欺骗的艺术，今天将这种技巧和能力称之为社会工程学。

在凯文·米特尼克《欺骗的艺术》一书中，还有许多精彩的案例，阐明社会工程学的危害。

擅长利用人性的弱点，收集信息，构建陷阱是社会工程学实施者（一般称之为社会工程师）的特点。社会工程学攻击通常分为两种：

①物理形式，即实施攻击的位置，如工作场所、垃圾搜寻、网络环境、电话等。

②心理形式，即构建陷阱攻击的方式，如说服、友善、恭维、模仿等。

常见的攻击形式包括：

①伪装，是指伪装身份、恶意软件、间谍软件，以及 web 站点等。

②引诱，是指基于人性的贪婪和轻信的心理，以各种具有诱惑力、易于受骗的形式，诱使用户泄漏自身的敏感信息，以在短时间内获得最佳的攻击效果，如以社会工程学为核心技术的网络钓鱼攻击、蠕虫病毒传播等。

③说服，是指社会工程师常尝试说服能力，以获得用户的信任，促使用户顺从或配合其工作，由此获得敏感信息。

④友善，是社会工程学中比较典型的形式，讲究谈话艺术，善于利用机会，投其所好，易于得到用户的信任，避免产生怀疑。

⑤垃圾搜寻（Dumpster diving），即从垃圾中搜寻社会工程师需要的各种信息，如废弃文档、电话本等，甚至淘汰的硬盘、磁带等。

⑥肩窥（Shoulder surfing），即使用直接的观察技术获取信息，如同透过人的肩膀上方查看。在公共场合、在办公室等，肩窥是社会工程师获取信息的有效方法。当别人输入密码、填写表格等时，较易于从旁观察。

⑦反向社会工程，是一种更为高级的非法获取信息的形式。这种攻击形式，可以使社会工程师获得更多的机会，获取更有价值的信息。如社会工程师可以冒充权威人士、专家等，诱使用户主动咨询，以获取敏感信息。

社会工程学实施的基础是信任。善于利用人性的弱点，采用各种攻击形式，尝试与用户建立相对稳定的相互信任关系，以方便、容易地获取重要的敏感信息。

下载软件捆绑流氓软件、木马、网络钓鱼、间谍软件等，是利用网络实施社会工程学攻击的典型应用。

网络钓鱼（Phishing）是电话（phone）和钓鱼（fishing）的组合。网络钓鱼利用欺骗性的 E-mail 和伪造的 web 站点进行诈骗，兼而采用社会工程学和技术手段，诱使被攻击者泄露个人的重要数据，如用户名、口令、个人身份信息等。网络钓鱼是典型的基于人性的弱点：轻信、贪婪、好奇等实施攻击的应用。

在个人信息侵害事件中，社会工程学亦扮演着重要的角色。攻击者通过交谈、欺骗、引诱、伪装等各种形式，套取个人信息主体的敏感信息，如姓名、密码、某些数字、爱好、邮箱等，经过对点滴的细枝末节的信息（琐碎信息）的拼凑，可以勾勒出个人信息主体的概貌，可能对个人信息主体的人格利益造成侵害。

因此，在个人信息保护中，对社会工程学攻击的防护尤为重要。

5.6.2 社会工程学管理

如前所述，社会工程学是在人与人的交往中，利用人性的弱点，运用心理学知识，以交谈、欺骗、伤害等手段，获取利益的方式，是信息安全管理，特别是个人信息安全管理的软肋。

信任是信息安全的基础。人类天生易于轻信，是社会工程学成功实施的基础。社会工程学是使他人遵从设定目的的一门艺术或科学。在这个定义中，说明了社会工程学的几个特点：

（1）人是社会工程学的核心。在信息安全体系中，人是体系的主体，是第一位的因素，也是最脆弱的。社会工程学以"人"为核心，利用人的脆弱性，采用交谈、欺骗、引诱、伪装等方式，攻击人性的弱点，实现期望的目标。

（2）基于心理学的攻击。心理学是研究人的心理活动及发生、发展规律的科学。社会工程学基于心理学的基本原理，利用人性与生俱来的信任、贪婪、好奇、本能反应等弱点，让被攻击者顺从攻击者的意愿，满足攻击者的欲望，获取所需利益。

（3）社会工程学是一门艺术或科学。社会工程学是一门艺术，是因为社会工程学攻击是复杂的，可能综合运用多种技巧。社会工程师面临的攻击对象千差万别、攻击环境等客观因素复杂多变。在社会工程学攻击中蕴含了各种奇思妙想和灵活构思，以及各种变化的因素。

社会工程学是一门科学，是因为社会工程学要遵循心理学的基本原理和人际交往的客观规律，利用人性的弱点，采用各种社会工程学惯用的手段，实现预期目的。但社会工程学攻击的方式和手段是经常变化的、多样的，映衬出社会工程学的艺术魔力。

社会工程学是复杂的，攻击形式是多样的。凯文·米特尼克在《欺骗的艺术》一书中介绍了大量的、现实生活中可能存在的社会工程学攻击的实例。

社会工程学攻击的目标与骇客（Cracker）是相同的，但骇客是运用技术手段实施物理入侵，社会工程学则是利用人性的弱点，采用更多的技巧、更隐秘的方式实施攻击，这种方式有时是很简单的、人们常见的，譬如，通过电话获得对方的信任或对方的轻信。

网络、病毒攻击等对信息安全构成的直接威胁，可以依赖防火墙、入侵检测系统、行为审计、授权认证、数据加密、杀毒软件等先进的信息安全技术管理手段，构筑坚固的信息安全防御体系。但是，社会工程学的攻击要比直接入侵危害更大，更难防御。因此，社会工程学管理应基于社会工程学的特点，以人为本，构建社会工程学防御体系：

（1）人员培训。预防、识别社会工程学攻击企图，应提高人的安全意识，了解社会工程师惯用的伎俩，特别是最简单、常用的社会工程学攻击案例，能够辨认社会工程学攻击的企图，弱化社会工程学攻击的风险。

（2）完善的管理制度。社会工程学的核心是人，因此，信息安全管理是十分必要和重要的。制定符合组织实际需求、基于全体人员的信息安全管理策略和规章制度，指导所有人员的安全行为。做到制度和培训相结合，以提高人员的防范意识。

（3）详细的工作制度。社会工程学往往采用简单、常用的攻击方式和手段，因此，应制定较为详细的工作管理制度。制度应包括电话管理、文档管理、废旧资料处理、个人计算机使用管理等。

（4）应急事件管理。信息工程学攻击往往是隐秘的，悄无声息的，因此，应有效评估可能发生的相应事件，及时对攻击做出反应，分析攻击目的和方式，采取有效手段降低事件风险和影响。

社会工程学管理和防范，应在法律允许的范围内，避免触及人员的个人隐私。

第6章　过程改进机制

过程改进的核心是风险和问题的处理，推动体系的持续改进和完善，是体系发展的动力。

过程改进是依据个人信息安全的目标，识别、分析个人信息保护体系已识别风险的变化、潜在风险、残余风险和可能的缺陷，采取相应的改进措施，保证体系的活力和持续发展。

6.1　PDCA 模式

戴明博士（Dr. W. E. Deming）是世界著名的质量管理专家和先行者，他对世界质量管理发展做出了享誉全球的卓越贡献，戴明质量管理学说对国际质量管理理论和方法的研究产生着非常重要的影响。

戴明博士最早提出了 PDCA 质量管理模式。PDCA 模式是能使任何一项活动有效进行的一种合乎逻辑的工作模式，在质量管理中得到了广泛的应用。

PDCA 质量管理模式如下：

第一个阶段称为计划阶段，即 P 阶段（plan）。确定方针和目标及制订活动计划。这个阶段的主要内容是通过市场调查、用户访问等，确认用户对产品质量、服务内容的实际需求，确定质量政策、质量目标和质量计划等。

第二个阶段称为执行阶段，即 D 阶段（do）。这个阶段是 P 阶段确定计划内容的实施。如根据质量标准进行产品设计、试制、试验、服务标准制定，以及计划执行前的人员培训等。

第三个阶段称为检查阶段，即 C 阶段（check）。这个阶段主要是在计划执行过程中或执行之后，检查执行情况是否符合 P 阶段的预期结果。

第四个阶段称为处理阶段，即 A 阶段（action）。这个阶段主要是根据检查结果，采取相应的措施。成功的经验加以肯定，并予以标准化，或制定作业指导书，便于以后工作时遵循；总结失败的教训，避免重现；没有解决的问题，提交下一个 PDCA 循环解决。

典型的 PDCA 模式采取八个步骤：

（1）分析现状，发现问题。

（2）分析质量问题中各种影响因素。

（3）分析影响质量问题的主要原因。

（4）针对主要原因，采取解决的措施。

①为什么要制定这个措施？

②达到什么目标？

③在何处执行？

④由谁负责完成？

⑤什么时间完成？

⑥怎样执行？

（5）执行，按措施、计划的要求去做。

（6）检查，把执行结果与要求达到的目标进行对比。

（7）标准化，把成功的经验总结出来，制定相应的标准。

（8）把没有解决或新出现的问题转入下一个 PDCA 循环中去解决。

由于有效性和实用性，PDCA 模式广泛用于各种过程改进中，其基本思想与质量管理是一致的。

6.2　个人信息保护体系的 PDCA 模式

个人信息保护体系的过程改进，采用 PDCA 模式。依据个人信息安全的要求和期望，描述过程改进必需的活动和过程，如图6—1 所示。

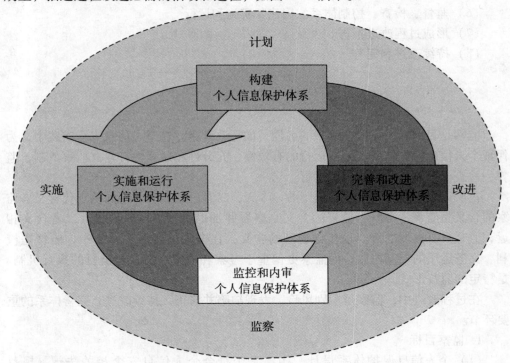

图6—1　适于个人信息保护体系的 PDCA 模式

适于个人信息保护体系的 PDCA 模式描述如下：

（1）计划（构建个人信息保护体系），即根据个人信息管理者的整体目标，确立个人信息安全目标和方针，构建和设计风险管理、管理机制、保护机制、安全机制、过程改进的过程和流程，以获得期望的结果。

（2）实施（实施和运行个人信息保护体系），即实施和运行风险管理、管理机制、保护机制、安全机制、过程、流程、控制和改进措施。

（3）监察（监控和内审个人信息保护体系），即监督、检查、控制个人信息保护体系构建实施和运行，报告监察结果，实施内部审查和评估。

（4）改进（完善和改进个人信息保护体系），即根据监察、内审结果和其他相关信息，采取相应的预防、改进、完善措施，实现个人信息保护体系的持续改进和完善。

个人信息保护体系的过程改进中，适用典型的 PDCA 模式八个步骤。依据个人信息保护体系的目标、特征、环境、需求等，过程改进的典型步骤如下：

（1）识别、确认显性风险、潜在风险和残余风险的变化及体系存在的缺陷。

（2）分析产生风险、缺陷的管理、业务、技术、环境等各种因素。

（3）确认风险、缺陷产生的原因。

（4）针对确认的原因采取相应的改进、完善措施。

（5）按照计划执行各项措施。

（6）监督、检查、控制体系的构建、实施和运行。

（7）形成过程改进报告。

（8）持续改进和完善。

6.3　监察

监察是目前常用于法学领域的名词，如行政监察。在个人信息安全实践中，为保证个人信息保护体系实施、运行的有效性、充分性和适宜性，建立监察机制，监督、检查、控制体系的实施和运行。

古汉语中，监察与监督是通用的，今天，二者已经具有了不同的现代含义。监察的含义是监督、考察，监督的含义是察看并加以管理。可以看出，二者含义相近，监督具有察看之意，也包含管理的含义，在个人信息保护体系中，监督是权利、义务运用的控制机制；而监察更偏重于考察和观察之意，是监督的执行机制，是特定的监督形式。

在过程改进中，监察是识别风险、发现缺陷并修正，持续改进、完善体系的重要环节。

1. 监察目标

（1）个人信息保护体系设计、构建是否符合个人信息安全相关法规、规范要求。

（2）个人信息安全目标、管理及技术措施和业务流程控制是否符合个人信息安全需求。

（3）个人信息安全风险是否充分识别、有效控制。

（4）个人信息保护体系是否有效实施和改进、完善。

2. 跟踪和监控

在个人信息保护体系构建、实施和运行中，监察必须实时、适时跟踪、监控以下内容：

（1）个人信息保护体系设计、构建与个人信息安全相关法规、规范要求的符合性、充分性和目的有效性。

（2）个人信息保护体系实施、运行过程中可能存在的缺陷、漏洞。

（3）跟踪、监控已识别风险的变化。已处理的已识别风险，在个人信息管理者运营过程中，其存在的环境、条件和影响等，是否会发生变化，风险控制措施是否合理、适宜，风险是否消除或仍存在发生的可能性等。

（4）管理或业务变更后的风险监控。当管理机制、业务（流程、处理等）、技术手段等变更后，可能产生新的风险，或引发已识别风险、潜在风险发生的可能性。

（5）个人信息保护体系运行过程中，必须注意可能存在的潜在风险发生的可能性。

3. 监察处理

监察过程必须及时发现个人信息保护体系潜在的安全风险、缺陷和存在的问题，重新识别、分析和评估可能的风险，编制监察报告，提出整改建议和相应的应对、整改措施，推进个人信息保护体系的持续改进。

6.4 内审

个人信息保护体系内审，是依据相关法规、标准，审查、确定个人信息保护体系是否达到体系目标、个人信息安全措施、个人信息安全管理、个人信息保护过程、质量控制等的要求。

内审基于三个事实：①个人信息保护体系依据相关法规、标准构建完成；②在一个设定的时间段内，个人信息保护体系稳定实施、运行；③完成个人信息保护体系监察。

内审是申请个人信息安全认证的前提，是个人信息管理者在完成个人信息保护体系监察后，实施的全面质量审核。

个人信息安全管理机构根据个人信息安全目的、个人信息保护体系监察报告、个人信息安全认证要求和规则制订内审计划，报请最高管理者批准，实施个人信息保护体系内审。内审保证个人信息保护体系达到：

（1）符合个人信息保护相关法规、规范要求。

（2）符合个人信息管理者的个人信息安全要求。

（3）个人信息安全风险得到有效、充分的识别和控制。

（4）个人信息安全管理机制适宜、安全、有效。

（5）个人信息保护体系充分、适宜、有效。

（6）个人信息保护体系实施、运行有效。

（7）可以实施有效的过程改进。

内审应根据审核结果、环境的变化、业务变化和持续改进的需要，确定个人信息保护体系需要修正、改进、完善的问题，并要求采取适当的措施。

经过内审，个人信息保护体系达到预期的目标，形成申报个人信息保护体系认证的相关资料。

6.5 过程改进

在个人信息保护体系构建、实施和运行中，PDCA 是质量控制的有效模式。PDCA 是质量管理模式，但不是与其他相关因素割裂，无关联关系地实施。PDCA 不仅仅运用于个人信息保护体系构建，也不仅仅运用于个人信息保护体系的过程改进……而是与个人信息保护体系构建、实施、运行和过程改进整个流程融为一体。因而，个人信息保护体系的过程改进，是在个人信息保护体系构建、实施、运行、改进过程中，采用 PDCA 模式，运用监察、内审等功能，持续改进、完善个人信息保护体系。

6.5.1 P 阶段

P 阶段，即个人信息保护体系策划阶段，是实施个人信息保护体系的原点。在这一阶段，确定个人信息安全目标、制定个人信息安全方针、设计体系机制、明确质量保证，以及各项安全管理措施。

PDCA 循环中，各个阶段均有各自的循环。P 阶段循环，即是个人信息保护体系构建的改进过程：

（1）最高管理者的意识。最高管理者的意识，是保证个人信息保护体系持续、稳定运行的关键，实施并持续完善改进的决策者。在 P 阶段循环中，必须确定最高管理者不仅仅选择形式，而是切实支持、保证个人信息保护体系的实施。

（2）个人信息安全目标和安全方针的确定。确定目标，明确构建个人信息保护体系的方向和实现状态，并辅之以目标管理，即将目标分解为具体的个人信息保护体系的组织、计划和活动，制定个人信息安全方针，确立简便易行的行动纲领。P 阶段循环，必须保证目标的实用性、可用性，以及方针的易用性、可操作性和有效性；

（3）机制设计。体系是由多个互相关联的功能机制构成的。个人信息保护体系中的各个机制，是对企业管理、业务活动的约束，也是对员工行为的约束，同时，也是激励管理业务活动、员工行为，保证个人信息安全的举措。P 阶段循环，必须确定机制设计的合理性、适宜性和与企业实际的符合性，以保证约束、激励机制的有效性。

（4）质量保证。体系设计质量决定体系的固有质量。个人信息保护体系设计，应包括相应的质量管理活动，包括体系质量目标、体系质量控制、体系质量保证、体系质量改进等。在 P 阶段循环，必须确定体系的质量保证活动充分、合理、适宜，以有效开展个人信息安全活动。

（5）资源配置。信息资源与个人信息安全密切相关，也是保障个人信息保护体系构建、实施的基础。必须合理分配资源，识别资源风险。在 P 阶段循环中，必须确定相关资源范围、资源风险识别的充分适宜、资源配置利用的合理性。

6.5.2　D 阶段

D 阶段，即个人信息保护体系实施、运行阶段，是个人信息管理的过程保证。在这一阶段，必须保证体系各项机制运行，满足质量目标。

（1）风险管理的有效性是保证个人信息安全的关键。识别、分析、评估与个人信息安全相关的资源风险、管理风险、业务风险、环境风险、行为风险等，采取适宜的应对措施，降低、规避、弱化风险，保证风险在可控、可接受的范围内。在 D 阶段循环中，必须确定风险评估、风险应对措施的充分性、适宜性和有效性。

（2）管理机制的有效性是保证体系约束机制的关键。管理机制包括机构及其职能、责任人及其职责、规章制度、宣传教育、文档管理等多种功能。在 D 阶段循环，必须确定管理机制所有功能的适宜性、可用性、有效性和易用性。

（3）保护机制的有效性是保证个人信息安全和个人信息主体权益的关键。个人信息收集、处理、使用等是个人信息安全的几个关键环节，必须采取相应的管理和保护措施。D 阶段循环，必须确定保护机制各项功能的有效性、可用性、安全性和可靠性。

（4）安全机制的有效性是保证个人信息保护体系安全、可靠运行的关键。基于风险评估的结果，依据 ISO/IEC 27001、ISO/IEC 27002 和等同采用该标准的 GB/T 28080、GB/T 28081 和个人信息的特征、企业实际需求，对环境安全、物理安全、行为安全、技术安全等采取相应的管理措施。D 阶段循环，必须确定安全机制的合理性、有效性、可用性和安全性。

（5）效果评估。

①最高管理者和各级管理者代表的意识、行为评估。

②宣传效果的评估。

③培训教育效果的评估。

④个人信息安全方针和相关规章制度实施效果的评估。

⑤员工行为的评估。

⑥技术行为的评估。

⑦管理行为的评估。

⑧业务管理的评估。

6.5.3　C 阶段

C 阶段，是检查、监控个人信息保护体系阶段，自 P 阶段开始介入，参与 P、D 阶段自循环，还包括以下内容：

（1）跟踪、监控风险变化。

①已识别风险的变化。已识别风险可能因条件、环境、影响、资源等的变化发生变化，必须采取相应的控制措施。

②潜在风险的发生。潜在的风险可能在一定的条件、环境或激励下发生，应预定并采取相应的应对和控制措施。

③管理、业务、资源、环境变化可能引发新的风险，应及时识别、分析、评估并采取相应的应对和控制措施。

（2）监察和内审有效性监控。在 C 阶段，必须确定监察、内审的合理性、有效性、充分性。监察、内审是过程改进机制的重要环节，对保证个人信息保护体系稳定、安全、可靠至为重要。

（3）确定个人信息保护体系设计、构建与体系实施、运行的符合性、一致性。检验体系设计、构建，是否符合组织的实际需要，是否与组织的管理、业务发展一致，是否与员工、客户（个人信息主体）的期望一致。

6.5.4　A 阶段

A 阶段，是个人信息保护体系改进、完善阶段。在 P、D、C 阶段的自循环中，实时、及时改进所发现的缺陷、漏洞、问题，持续完善个人信息保护体系。

（1）过程改进是保证个人信息保护体系持续改进和完善的有效机制。过程是个人信息保护体系可以达到的能力。过程的主要元素包括人、资源、工具、方法等及相关因素。过程改进就是根据个人信息安全目标，在持续的 PDCA 循环中改进过程的主要元素。

（2）意见和反馈是改进、完善个人信息保护体系的助推剂。在个人信息保护体系构建、实施、运行中，必须认真接受包括社会、个人信息主体和组织内部的意见和建议，并将有益的部分应用到体系建设中，同时，反馈意见、建议的应用、效果等。

（3）沟通、交流是改进、完善个人信息保护体系的润滑剂。在个人信息保护体系构建、实施和运行中，应在组织内部之间、内部与外部之间，对体系建设、机制功能、保护措施、安全措施、改进措施等及时沟通、交流。

（4）持续改进是保持个人信息保护体系生命力的动力。PDCA 是循环往复的，各个阶段内的自循环也是如此，由此推动体系的发展。体系的建设，不是一成不变的，是随着管理、业务、环境、外部因素等变化适时改进、发展的，因而，持续改进是个人信息保护体系永恒的主题。

第7章 外包服务业个人信息安全

20世纪80年代中期以来，随着越来越多的企业将内部服务工序流程转向从外部市场购买，引发了全球范围风起云涌的服务外包浪潮。服务外包的扩展和深化成为提升服务业效率和推动服务业生产方式变革的重要力量。近年来，随着信息技术外包（ITO）和商务流程外包（BPO）的持续扩展和深化，服务外包出现离岸化和国际化趋势，新型国际化服务外包企业脱颖而出，服务外包对一国经济发展的战略意义逐渐显现，使之成为经济全球化的新趋势。同时，在开展服务外包业务时要注重遵守国家法律，加强保密管理，增强服务外包过程中的发包、接包、分包、转包等环节的法律风险意识和个人信息安全风险的意识，促进服务外包行业的可持续发展。

7.1 服务外包的基本概念

经济全球化和高新科技的发展使世界各国的资源流动更趋活跃，使外包承接地国家更多地融入全球经济当中。飞速发展的通信和Internet技术使全球资源共享变得更加快捷，完成业务流程所需的数字化和标准化变得更为便捷，实现远距离提供服务成为可能。产业分工的细化带来规模经济效应和专业化效应，使跨国公司有动力将非核心业务流程外包，尤其是全球经济危机使竞争日益激烈，公司对降低成本的要求日趋强烈。近10年来，我国服务外包从无到有，规模不断扩大，领域逐步拓宽，业务范围主要涉及电子信息产业、生产性服务业以及文化创意产业，服务对象涉及日、韩、欧、美、印度等。特别是2000年以来，随着ITO（信息技术外包）、BPO（业务流程外包）业务在全球范围内的兴起，国家为推动服务外包业的发展，有序承接国际服务业转移，商务部2006年开始启动了承接服务外包的"千百十"工程，确定的首批五个服务外包基地城市，分别是大连、西安、成都、上海、深圳；2007年初初，天津、北京、南京、杭州、武汉和济南被认定为第二批"中国服务外包基地城市"。2009年，北京、天津、上海、重庆、大连、深圳、广州、武汉、哈尔滨、成都、南京、西安、济南、杭州、合肥、南昌、长沙、大庆、苏州、无锡20个城市确定为中国服务外包示范城市，深入开展承接国际服务外包业务、促进服务外包产业发展。如今，本土外包企业迅速成长，逐步改变了最初以外资企业为主的格局。

7.1.1 外包

从某种意义上说，外包（Outsourcing）已经存在了几十年——特别是在制造业部门，它是一种降低成本的手段。最早的外包活动主要由大企业进行，集中在信息技术服务领域。现在，随着网络技术、高速数据网络方面的进展，以及带宽能力的增加，外包范围进一步扩大，包括一系列管理事务。外包的兴起是从 20 世纪 80 年代后期由美国开始，逐渐蔓延到日本、欧洲，成为全球企业界的一股潮流。以 IT 为标志的新兴技术的兴起，带动了整个社会经济的迅速发展，整个社会经济处于重新整合的时期。1989 年管理学家 Peter Drucker 教授发表了评论文章，提出"任何企业中仅做后台支持而不创造营业额的工作都应当外包出去，任何不提供高级发展机会的活动与业务也应该采取外包形式"。

1. 外包的概念

管理学者认为外包是 20 世纪组织和产业结构的最伟大的变动之一。外包（Outsourcing），在英文是"Outside Resource Using"的缩写，最直接的解释是"外部寻求资源"或"外部资源利用"，即是授权一家合作伙伴管理自己的部分业务或服务。

外包是将很多传统（内部）功能由外部承包商来完成，于是组织不仅通过内部协调，而且需要企业维持长久联系纽带的供应商和销售商等外部协调方式，并依据双方议定的标准、成本和条件的合约把原先由内部人员提供的服务转移给外部组织承担。其有两层含义：第一，生产活动"从内到外"的转移；第二，如果转移对象属于加工制造活动的则是制造外包，如果转移对象是作为投入服务性活动的则属于服务外包。

外包是指企业在充分发展自身核心竞争力的基础上，整合、利用外部最优秀的专业化资源，从而达到降低成本、提高生产效率、增加资金运用效率和增强企业对环境的迅速应变能力的一种经营管理模式。

2. 外包的特征

生产活动"从内到外"的转移是否都属于外包？如果不一定，那么哪些"从内到外"的活动转移属于外包，哪些不属于外包？

企业间"从内到外"的活动转移并非都属于外包，如 IBM 把 PC 业务出售给联想，对 IBM 是将 PC 业务从内转移到外，这就不属于外包，实质是将整个业务转手出售。外包的特征在于企业保留特定"产品"生产供应前提下，对生产过程某些环节、区段、活动，通过合同方式转移给外部厂商承担，并形成双方供求交换关系。

7.1.2　服务外包

外包经历了由制造业外包向服务外包转移的进程。在工业外包（Manufacturing utsourcing）之后，信息技术外包（Information Technology Outsourcing，ITO）和业务流程外包（BPO，Business Process Outsourcing）逐步萌芽。伴随着信息技术和知识经济的发展而产生的现代信息服务业，用现代化的新技术、新业态和新服务方式改造传统服务业，创造需求，引导消费，向社会提供高附加值、高层次、知识型的生产服务和生活服务的服务业。其中，服务外包作为软件与信息服务业的重要支柱产业之一，信息服务外包对于转变经济发展方式和优化经济结构具有重要作用。

1. 服务外包的界定

国内外学术界对服务外包概念的理解很多。最简洁的概念表述是：企业将原来在内部从事的服务活动转移给外部企业去执行的一种业务安排。发展服务外包，就是转移价值链上的非核心业务，全力发展自身的核心业务，专注于自己的核心竞争优势，实现成本降低和竞争力提升的双赢局面。

商务部颁发的《服务外包统计报表制度》，对服务外包概念的描述是：通过服务外包提供商向服务外包发包商提供 IT 外包（Information Technology Outsourcing，ITO）与业务流程外包（Business Process Outsourcing，BPO），它们是基于 IT 技术的服务外包。其中，ITO 是指企业战略性选择外部专业技术和服务资源，以替代内部部门和人员来承担企业 IT 系统或系统之上的业务流程的运营、维护和支持的 IT 服务，从而达到降低成本、提高效率、充分发挥自身核心竞争力和增强客户对外部环境的应变能力的一种管理模式，强调技术，更多涉及成本和服务；BPO 是随着企业将业务职能，如应收账款科目和采购科目的管理及最优化移交给第三方，由第三方基于预先确定好的一套执行标准和原则来管理这些活动而产生的，更强调业务流程，解决的是有关业务的效果和运营的效益问题。

服务外包的本质在于，在服务提供领域运用经济分工基本原理深刻地、彻底地改变当代管理实践和生产的模式（方式），是企业将内部的某些服务活动或者职能通过合约的方式转移给外部服务供应商的过程。服务外包可以理解为企业为了将有限资源专注于其核心竞争力，以信息技术为依托，利用外部专业服务商的知识劳动力，来完成原来由企业内部完成的工作，从而达到降低成本、提高效率、提升企业对市场环境迅速应变能力并优化企业核心竞争力的一种服务模式。信息服务外包的特点是基于企业战略发展的选择，企业选择外包服务更多的是出于培育企业核心竞争力的考虑；属于市场交易行为，双方关系由合同确定；履行服务的时间一般比较长；以 IT 系统或系统之上的业务流程为外包对象。

2. 服务外包的发展及意义

（1）信息服务外包的发展阶段

第一个阶段（1990—2003 年），大多是与直接客户分离，主要提供模块化的软件和信息服务外包业务。2003 年，我国软件和信息服务外包的市场规模只有 42.6 亿元人民币。其中，IT 运营管理外包服务的规模为 21.6 亿元，应用管理软件外包服务的规模为 1.5 亿元，软件外包 19.5 亿元。这一阶段，我国软件和信息服务外包市场一直呈现高速增长态势，但其用户群还相当狭小。就服务外包内容和方式而言，还主要局限于基础架构层面的网络基础设施和桌面设备的支持与维护。

第二阶段（2003—2008 年），重点发展贴近客户，以提供初级或中级水平业务流程外包（BPO）的软件和信息服务为主。随着 BPO 新兴市场的出现，软件和信息服务外包正在由有形产品形式，逐步转化为无形产品为主的服务贸易。传统的 IT 外包已经不能够满足客户对成本、速度和灵活性的需求，而新兴的 BPO 将在未来几年内发展成为外包的主要内容。BPO 涉及范围广泛，不仅 IT 行业需要 BPO，其他领域尤其是服务业领域也需要 BPO，而且 BPO 的每项业务都离不开 IT 业务的支持，从而产生 IT 外包的机会。

第三阶段（2008 年至今），针对大型跨国公司提供高级 BPO 服务，我国软件和信息服务外包承包商与我国的外包制造商联合发展，共同构筑国际外包竞争优势。服务外包市场规模从 2005 年的 45.48 亿美元发展到 2009 年的 79.46 亿美元，年均复合增长率达到 18.03%，在未来几年内可成为印度强有力的竞争对手。

（2）信息服务外包的意义

国际服务外包是现代高端服务业的重要组成部分，是具有信息技术承载度高、附加值大、资源消耗低、环境污染少、吸纳就业能力强、国际化水平高的新兴产业，在当前我国经济运行环境下，发展国际服务外包，对优化利用外资结构，转变出口增长方式，创造新的就业机会，促进可持续发展都具有十分重要的意义。其主要体现在：①优化投资产业结构；②转变出口增长方式；③创造新的就业机会；④促进可持续发展。

7.2 服务外包机理

生产和服务环节国际分工细化产生了服务外包。其原因如下：

（1）竞争的关键由一般技术转向核心技术。企业把一般技术的生产和服务外包出去，开发核心技术，以最大限度地保持企业的竞争力。

（2）竞争的地域由区域转向全球，企业要在全球市场保持和扩大占有率，必须利用国外资源，服务外包就成为一种有效模式。

（3）信息技术的飞速发展，为服务外包提供了技术基础，信息技术特别是网络技术的发展，使服务外包从可能成为现实。

（4）成本最小化、利润最大化的企业需求为服务外包提供了强大动力，就短期效益而言，服务外包公司可节省运营成本。

我国已进入工业化和信息化融合期，在资源、环境压力的约束下，低端制造业已经难以为继，必须在发展高端、现代、先进制造业的同时，同步发展高端、现代、先进服务业，实现"双轮驱动"、互动发展。服务外包这一新兴的管理模式和分工形态提升了服务业以及其他需要服务投入的产业的经济效益，对国家经济增长产生了积极的影响。

7.2.1 服务外包的基础理论

1. 价值链理论

波特在《竞争优势》中提出了"企业价值链"[①] 概念。根据价值链的概念，企业竞争优势源于企业在设计、生产、营销、交货等过程及辅助过程中所进行的许多相互分离的活动。企业的每项活动都是创造价值的经济作业，企业所有的互不相

---

① PORTER M E. Competitive advantage [M]. New York: Free Press, 1985. 75—77.

同但又互相联系的活动便构成了创造价值的一个动态过程，即价值链。

服务外包的产生和发展，是企业基于外部环境和自身资源与能力，不断优化和调整价值链并最终实现价值链增值最大化目标的战略考虑。根据产业环境和自身资源与能力选择作为服务外包的承包商，专注于企业所擅长的业务，而将本企业不擅长的业务交给更专业的企业去做，使本企业更专注于自己的核心竞争能力，与其他企业形成密切的合作关系，为满足顾客目标共同努力。其核心是在一个企业众多的"价值活动"中，并不是每一个环节都能创造价值。企业所创造的价值，实际上仅仅来自于企业价值链的某些特定的价值活动，这些真正创造价值的战略活动，就是企业价值链的战略环节。价值链上的每一项价值活动都会对企业最终价值的实现产生影响，只有对价值链的脆弱点进行改造，才能保证整条价值链的牢固和持久。

2. 核心能力理论

《企业的核心能力》一文的发表，标志着核心能力理论的正式提出[①]。核心能力理论认为核心能力是企业可持续竞争优势与新业务发展的源泉，核心能力应成为公司战略焦点，企业只有具备核心能力、核心产品和市场导向这样的层次结构时，才能在全球竞争中取得持久的领先地位。其要点为：公司的竞争力来源于能够比竞争对手以更低的成本和更快的速度建立核心能力；核心能力是多因素的复合体，它是技术、治理结构和集体学习的结合。

服务外包与核心能力概念紧密相连，企业应该加以区分，权衡取舍，以确定核心和非核心活动，把主要精力应该放在核心业务上，利用核心竞争力保持企业的可持续竞争优势，而要将非核心竞争力的职能外包出去，这样不仅可以节约更多的资源，以提高企业的核心竞争力，同时企业采取外包战略也可以更好地利用外部资源。企业在竞争中的优势，是企业在价值链某些特定的战略环节上的优势。企业应重新审视自己所参与的价值过程，从功能与成本的比较中，研究在哪些环节上自己具有比较优势，或有可能建立起竞争优势，集中力量培育。企业依靠自己的资源进行自我调整的速度很难赶上市场变化的速度，因而企业必须将有限的资源集中在核心业务上，强化自身的核心能力，而将自身不具备核心能力的业务以合同外包的形式交由外部组织承担。通过与外部组织共享信息、共担风险、共享收益，整合价值链上各参与方的核心能力，从而以价值链上的核心竞争力赢得、扩大竞争优势。

3. 交易成本理论

Coase 于 1937 年在《企业的性质》中首先提出交易成本理论[②]。市场和企业是资源配置的两种可以相互替代的手段。它们之间的不同表现是：市场上资源的配置是由非人格化的价格来调节，而在企业内部相同的工作则由层级关系中的权威（行政命令）来完成，二者之间的选择，依据市场定价的成本与企业内部官僚组织成本之间的平衡关系，即企业的边界由市场的交易成本和企业内部化的成本的均衡

① PRAHALAD C K, HAMEL G The core competence ofthe corporation [J]. Harvard Business Review, 1990, (3)：79-91.
② COASE R. The nature of the firm [J]. Economics, 1937, (4)：386-405.

点决定。

服务外包是介于企业和市场两种规制结构之间的一种组织关系。服务外包就是这样一种有组织的交易合约关系，在保持市场交易关系的基础之上，通过企业之间的合作机制对相互的市场交易进行有组织的协调，使原来的自由交易市场组织化。在市场中，交易双方需要进行多次或经常性的缔约交易活动，存在交易中的机会主义动机；在企业中，随着企业一体化扩展会产生组织费用。而采取服务外包的组织形式，既发挥了市场优势，减少了市场中存在的交易费用，又克服了随着企业一体化扩展而产生的组织费用，从而在一定程度上提高了交易的效率，降低了交易的成本。

7.2.2　服务外包的工作定义与结构

1. 工作定义

从价值创造的角度看，外包是企业将不直接创造价值的后台支持功能剥离，专注于直接创造价值的核心功能，也就是将企业的一部分内容转移出去。根据转移对象的不同，可以分为制造业外包和服务外包：转移对象是加工制造零部件、中间产品活动的，属于制造业外包；转移对象为服务活动或流程的，就是服务外包。

从定义来讲，服务外包是指企业将价值链中原本由自身提供的具有基础性的、共性的、非核心的 IT 业务和基于 IT 的业务流程剥离出来后，外包给企业外部专业服务提供商来完成的经济活动。因此，服务外包应该是基于信息网络技术的，其服务性工作（包括业务和业务流程）通过计算机操作完成，并采用现代通信手段进行交付，使企业通过重组价值链、优化资源配置，降低了成本并增强了企业核心竞争力。

外包是企业或其他机构在维持某种产出前提下，把过去自我从事的投入性活动或工作，通过合约转移给外部厂商完成，如果转移对象属于制造加工活动的则是制造外包，如果转移对象是作为投入的服务性活动的则是服务外包。美国 GARTNER 公司定义：GARTNER 按最终用户与 IT 服务提供商所使用的主要购买方法，将 IT 服务市场分为离散式服务和外包（即服务外包）。按照业务种类的不同，服务外包可以分为 IT 外包（ITO）和业务流程外包（BPO）。

2. 服务外包元结构

服务外包企业是指根据其与服务外包发包商签订的中长期服务合同，向客户提供服务外包业务的服务外包提供商。服务外包使原来内置式生产过程拆分开，至少形成两个外包操作方，即发包方和受包方，如图 7—1 所示。一级受包方获得一级发包方提供的服务外包合同后，可能把有关业务进一步分解，受包方发包于另一个受包方，形成二级或更多层次的外包关系，如图 7—2 所示。发包企业可能不仅发包一个工序或流程活动，受包企业也可能不仅接受一个工序或流程活动的外包合同。服务外包活动的多重化，意味着每个参加厂商都可能向不同方向通过更多的箭头与更多企业形成多重联系。

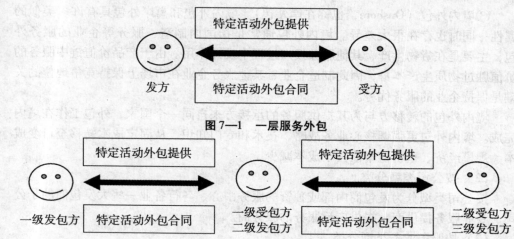

图 7—1　一层服务外包

图 7—2　多层服务外包

3. 服务外包的层次结构

根据卡耐基—梅隆大学（Carnegie Melon）的约翰·格拉索界定，外包可分为一般外包、业务流程外包和 IT 外包三个层次，其关系如图 7—3 所示。

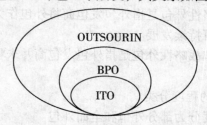

图 7—3　服务外包的三个层次

7.2.3　服务外包的分类及形式

1. 信息服务外包的分类

（1）按地域分类。

①离岸外包（Offshore）。离岸外包是顺应经济全球化和信息技术快速发展而产生的。近年来，作为全球外包集中市场的美、欧、日等发达国家，与教育水平较高而工资水平较低的中国、印度、爱尔兰、菲律宾和俄罗斯等国家之间的离岸服务外包业务正在蓬勃发展。

离岸外包是指转移方与为其提供服务的承接方来自不同国家，外包工作跨境完成。离岸外包主要强调成本节约、市场占有、熟练技术劳动力的可用性，利用较低的生产成本来抵消较高的交易成本。在考虑是否进行离岸外包时，成本是决定性的因素，技术能力、服务质量等因素次之。

②近岸外包（Nearshore）。近岸外包是指转移方和承接方来自于邻近的国家和地区。近岸国家和地区很可能会讲同样的语言、在文化方面比较类似，并且提供了一定程度的成本优势。

③境内外包（Onshore，也称在岸外包）。境内外包和离岸外包具有许多类似的属性，同时也存在很大差异。境内外包通常是指国内制造、服务等企业的服务外包，主要是在货物生产、其他服务投入过程中发挥作用。由于产品价值链中服务的价值胜过物质生产本身，因此制造企业、其他服务企业在市场上保持竞争地位的关键是保持企业的服务优势。

境内外包的转移方与为其提供服务的承接方来自同一个国家，外包工作在境内完成。境内外包更强调核心业务战略、技术和专门知识、从固定成本转移至可变成本、规模经济、重价值增值甚于成本减少。

（2）按公司类型分类。

按公司类型分为发包商内部或独资的服务中心、各行各业一些大发包商的子公司、专业服务提供商、提供广泛服务的服务商。

（3）按服务业务类型分类。

按服务业务类型分为计算机及相关业务、金融服务、医疗服务、互联网相关服务、影视和文化服务、商务服务、高等教育和培训服务、各类专业服务（包括法律服务、会计服务、审计服务、税务服务、建筑设计服务等）。

（4）按发包商外包目的分类。

①战略性外包。战略性外包是指外包发包商将外包作为发包商战略来对待，即涉及中长期发展目标及可持续发展。

②非战略性外包。非战略性外包是指外包发包商并未将外包作为发包商战略来对待，是一种短期行为。

（5）按发包商外包的程度分类。

按发包商外包的程度分为部分外包和全面外包。

2. 信息服务外包的内容

信息服务外包是指客户即发包商在规定的服务水平基础上，将一部分信息系统作业以合同方式委托给外包商，由其管理并提供用户需要的 IT 服务。其主要包括向客户提供 IT 外包（ITO）、基于信息技术的业务流程外包（BPO）的服务和知识流程外包（KPO）。其中，ITO 主要涉及 IT 咨询和培训、软件开发和测试、应用实施、系统集成、应用管理和设备托管、软件产品支持、硬件支持等；BPO 业务主要涉及财务管理、人力资源管理、呼叫中心、客户关系管理、销售和营销、采购、研发设计等；KPO 主要涉及知识密集，或需要研究分析或需要技术与决策技能的流程。

（1）IT 服务外包

根据计算机服务协会（CSA）1993 年的定义："ITO 是委托第三方根据包括服务协议在内的合同，长期管理、负责提供 IT 服务。"国际知名咨询机构高德纳（GARTNER）研究提出："ITO 是由第三方提供所有的或部分的工作，包括应用开发、应用管理、应用集成、基础设施管理、IT 咨询与顾问服务等。"信息产业部提出的定义是指服务发包商以服务合同的形式委托服务提供商为发包企业提供的部分或全部 IT 服务。

IT 外包服务内容以系统和应用的设计、开发、运营和维护为主，具体包括：①银行数据、信用卡数据、各类保险数据、保险理赔数据、医疗/体检数据、税务数据、法律数据（包括信息）的处理及整合；②信息系统工程及流程设计、管理信息系统服务、远程维护等；③承接技术研发、软件开发设计、基础技术或基础管理平台整合或管理整合等。

其中，系统集成是指从事计算机应用系统工程和网络系统工程的总体策划、设计、开发、实施、服务及保障等。

（2）业务流程服务外包

中国赛迪研究院则将 BPO 定义为"一般是指以长期合同的形式，将公司的某项业务交由外部业务提供者去完成，以便企业能够将资源聚集在体现核心竞争力的业务上"。

狭义的 BPO 特指将企业的某项业务流程外包出去，广义的 BPO 包括三个层次，即基于 IT 项目的外包、基于任务的外包、业务流程外包。信息产业部的定义是指服务发包商将基于信息技术之上的原本属于企业内部的业务流程或职能部分委托给服务提供商，由后者按照服务合同约定的标准进行管理、运营和维护的服务。

BPO 的服务内容是为企业提供内部管理数据库服务，数据分析、数据挖掘、数据管理、数据使用的服务，企业业务运作数据库服务，企业供应链管理数据库服务等。其具体包括：①为客户提供人力资源服务、工资福利服务、会计服务，以及财务中心、数据中心及其他内部管理服务等；②为客户提供技术研发服务、销售及批发服务、产品售后服务（售后电话指导、维修服务）及其他业务流程环节的服务等；③为客户提供采购、运输、仓库/库存整体方案服务等。

（3）软件外包

所谓软件外包（Software Outsourcing，SO）就是一些发达国家的软件公司将它们的一些非核心的软件项目通过外包的形式交给人力资源成本相对较低国家的公司开发，以达到降低软件开发成本的目的。

软件外包是服务外包的重要产业之一。软件产业作为国家的基础性、战略性产业，在促进国民经济和社会发展的信息化中具有重要的地位和作用。软件产业从构成上分为软件产品、软件服务及系统集成，包括基础软件、信息安全软件、行业应用软件、嵌入式软件、软件服务、数字内容处理、智能中文信息处理软件等。

（4）知识流程外包

知识流程外包（Knowledge Process Outsourcing，KPO），是 BPO 的高端类别，称为第三代外包服务流程。它即时、综合分析研究多种渠道获得的信息，并将最终报告提交客户，作为决策依据。KPO 将 BPO 流程外包转变为业务知识外包，提升外包附加值。

7.3　政府对服务外包产业的支持

为支持服务外包产业发展，国家财政部等九部委联合发布了《关于鼓励政府和企业发包促进中国服务外包产业发展的指导意见》，推动服务外包由"扶植离岸出口"向"培育本地需求"转移，带动产业结构调整。

服务外包产业是智力人才密集型的现代服务业，具有信息技术承载度高、附加值大、资源消耗低、环境污染少、吸纳大学生就业能力强、国际化水平高等特点。贯彻落实科学发展观，按照保增长、扩内需、调结构的工作要求，支持和鼓励服务外包产业的发展，对当前和今后的经济发展具有重要意义。根据《国务院办公厅关于促进服务外包产业发展问题的复函》（国办发〔2009〕9号）的精神，为鼓励政府和企业通过购买服务等方式，将数据处理等不涉及秘密的业务外包给专业公司，促进我国服务外包产业又好又快发展，提出了如下指导意见：

（1）积极支持服务外包产业发展，各级政府要抓住服务外包产业发展的难得机遇，把促进政府和企业发包作为推动我国服务外包产业的重点。加大服务外包的宣传力度，改变国内对外包模式的传统观念，让服务外包得到各级政府和大中型企业的认可。

（2）积极发挥服务外包示范城市的示范和带动作用，在发展政务信息化建设、电子政务，以及企业信息化建设、电子商务过程中，鼓励政府和相关部门整合资源，将信息技术的开发、应用和部分流程性业务发包给专业的服务供应商，扩大内需市场，培育国内服务外包业的发展。

（3）本着合理配置，节约资源的原则，进一步发挥政府采购的政策功能作用，鼓励采购人将涉及信息技术咨询、运营维护、软件开发和部署、测试、数据处理、系统集成、培训及租赁等不涉及秘密的可外包业务发包给专业企业，不断拓宽购买服务的领域。凡购买达到政府采购限额标准以上的外包服务，必须按照政府采购的有关规定，采购符合国家相关标准要求、具备相应专业资质的外包企业的服务。

（4）制定相关的发包规范和服务供应商提供服务的技术标准，积极引导和促进中央企业和地方企业加大外包力度，让服务外包企业有更多的机会参与国内企业外包业务。

（5）研究建立服务外包企业服务评价制度机制，选择具有一定承接能力的信息技术服务等服务外包企业，优先承接政府服务外包业务。扶持服务外包企业做强做大，尽早形成一批服务外包龙头企业。

（6）积极研究政府职能部门或大中型企业将其现有的IT和相关服务部门进行业务剥离，采用多种形式与专业的服务外包供应商整合，扩大服务对象和业务规模，提升业务水平。

（7）在已有软件与信息服务外包公共支撑平台基础上，进一步建立和完善发包项目信息和接包企业对接平台，促进发、接包业务的顺利对接。积极搭建大中型企业和服务外包企业之间的桥梁，组织安排大中型企业和服务外包商的洽谈会，建立二者之间的沟通渠道。研究支持组建服务外包企业与大中型企业的合作联盟，加强业务交流和沟通，鼓励大中型企业分步骤地将业务外包。

（8）加强对地方政府和企业相关人员的培训，培养一批熟悉服务外包业务，深入了解市场的中高层管理人员，做好政府和企业发包的工作。

（9）综合运用财政、金融、税收、政府采购等政策手段，积极推动服务外包产业的快速发展。通过政策扶持加强对服务外包企业的品牌宣传和推介，打造中国服务外包品牌。

（10）政府或企业在开展服务外包业务时要遵守国家法律，严格按照《中华人民共和国保守国家秘密法》的规定，加强保密管理。同时增强服务外包过程中的发包、接包、分包、转包等环节的法律风险意识，促进服务外包行业的规范运作。

7.4　服务外包中的个人信息安全

计算机和网络的发展使信息的传递变得方便而迅速，存储设备的发展也使得大量信息的存储和携带变得非常容易，信息技术和网络的发展在给人们带来快乐和方便的同时，也为人们带来了担忧，个人信息的丢失和泄漏成为人们时时担心的问题。

1. 涉及个人信息的主要行业

服务外包中涉及个人信息的主要行业包括信息服务业、金融保险业、医疗服务业、政府机关、电信业、教育、广告及印刷、劳动服务业、制造业等，而这些行业中与个人信息相关的计算机和网络系统、相关软件及数据库的建立多数来自于软件及信息服务业的服务，包括软件开发中的安全设定、数据库建立规则和数据录入，都会涉及软件开发企业和数据处理企业，所以，软件及信息服务业是个人信息保护的重要之地。

2. 个人信息安全对信息服务外包业的影响

随着国际交流的增加和国际业务的增多，国际上对个人信息安全的要求也对我国的外包服务业产生了影响，在有个人信息保护法规的国家与其他国家间进行项目合作和交流时，会考虑到该国家个人信息保护的情况，而且会优先选择有个人信息保护的国家合作。在国际业务的交流中，个人信息的保护已经成为一项重要的衡量条件之一。个人信息保护越来越得到各行业的关注和重视，到目前为止，国际上已经有 50 多个国家和组织建立了个人信息保护相关法规和标准。国际上对个人信息保护的要求也对我国产生了影响，特别是在国际软件与信息服务外包业务的竞争中，我国与其他国家比较，在信息安全保护意识与规范方面是一大弱项，特别是个人信息保护意识比较差，这造成国际上在选择外包企业时对中国企业的不信任，影响了我国软件及信息服务外包业务的发展。

因此，如何有效地提高我国软件与信息服务业相关企业的个人信息保护能力，提高企业在国际上的信誉和竞争力，政府的支持是非常重要的，一项制度的建立和推行离不开政府的支持。对信息服务外包业务中涉及的个人信息，从源头入手，完善管理制度和提高管理水平，建立健全企业的个人信息保护体系，减少或杜绝企业因个人信息保护不当可能造成的损失。

7.4.1 服务外包中个人信息的主要特征

服务外包涉及行业广泛，企业中信息资产多数基于软件与信息服务。在信息资产的使用中，涉及大量个人信息，与个人信息主体权益息息相关。

在服务外包业务中，个人信息具有以下鲜明的特征。

（1）多样态存在和分布。在服务外包中，个人信息的存在方式是不同的，可能是完整的个人信息样式，可能是琐碎的信息，即将一条完整的个人信息拆解为碎片，可能是可识别的部分个人信息……在外包业务中，个人信息的分布方式也不同，分布于各个业务流程中、分布于与客户的接触中、分布于人力资源管理中……

（2）种类繁多。服务外包中涉及的个人信息，包含多种类型的个人关键信息，如银行账号、信用卡号，以及可识别特定个人的信息、员工管理、招聘等。

（3）处理方式不同。涉及个人信息的业务，根据业务类型和客户需要，采取不同的处理方式，如数据录入、数据加工、测试数据等。

（4）媒介形式多样化。服务外包业务中所涉及的个人信息，其保存媒介是多种多样的，如光盘、软盘、笔记本、固定存储设备、移动存储设备、网络存储、纸质文档及其他存储设备等。

（5）接受样式多样化。服务外包中所涉及个人信息的接受形式也是多种多样的，如网络形式、电子邮件形式、邮递形式等。

服务外包中映射出的个人信息主要特征，是与外包方式、业务类型、发包接包方式，以及承包方的环境（物理环境、业务环境）、技术、管理、人员等相关，不同的承包商，其外包业务及相关因素映射出的个人信息特征的表现形式可能有所不同。

7.4.2 个人信息安全现状

随着信息服务外包产业的迅速发展，国外发达国家大多建立了个人信息保护制度，对我国信息服务外包业务进一步发展已经显现不利影响。随着个人信息保护在国际上广泛认同，发包企业对信息服务外包更加谨慎，个人信息保护成为关注的重点。在信息服务外包业务中，是否具备个人信息保护法律环境将是承接外包项目的前提条件。个人信息保护不足，会严重制约信息服务企业的发展，尤其是承接海外业务的信息服务企业。保护个人信息是保障个人生活安宁，是建设和谐社会、互联网健康发展、推动信息服务业发展的需要。

1. 国外个人信息保护现状

信息社会，信息是社会基本经济资源，而个人信息是其中十分重要的一个组成部分。国际社会保护个人信息的目的不是限制个人信息的跨国流通，而是在保护权利的基础上打破限制——不能以保护信息主体权利为借口限制个人信息的跨国流通。个人信息在能够提供"合理保护"的国家之间的流通是法律所肯定和鼓励的。在国际贸易中一直处于主导地位的美国，在个人信息保护方面也不得不向欧盟妥协签订"安全港协议"，以"合理保护"标准对欧盟国家的个人信息进行保护。美国此举最主要的背景是其国内欠缺统一适用的个人信息保护法。目前国际上已经有50多个国家和组织建立了个人信息保护相关法规和标准。

(1) 1980 年 OECD（世界经济合作与发展组织）发布了《关于隐私保护和个人数据跨国流通指导原则》，在世界范围内引起重视，特别是个人信息保护八项基本原则，已经成为各国制定个人信息保护相关法规和规范的参考依据。

(2) 1995 年 10 月 24 日，欧盟发布了《1995 个人数据保护指令》，在第四章关于向第三国进行个人数据转让中规定：各成员国应该规定，只有当第三国确保能够提供充足的保护时，才能向第三国转让正在处理或在转让后将要被处理的个人信息。这一规定对欧盟各成员国间个人信息的流动提出了有效的保护，同时也为国际个人信息处理业务提出了新的课题。

(3) 日本为保护个人信息主体的权益，并使其个人信息在跨国业务中也能实现妥善保护，于 1999 年制定了 JIS Q 15001：1999，并于 2006 年升级为 JIS Q 15001：2006（日本工业规格（标准）个人信息保护体系——要求）。在新 JIS 中增加了委托监督的要求，其中规定：委托方在委托全部或部分个人信息时，必须选择满足保护个人信息水平的企业。日本早在 1998 年便开始了第三方的个人信息保护评价工作（P – MARK）。此评价工作是由日本情报处理开发协会（JIPDEC）组织进行。P – MARK 依据的评价标准便是 JISQ15001：2006。通过 P – MARK 评价的日本企业已接近 1 万家。

2. 我国个人信息保护现状

目前我国对个人信息保护的研究还处于初级阶段。1997 年发布的《计算机信息网络国际联网安全保护管理办法》和 1998 年发布的《计算机信息网络国际联网管理暂行规定实施办法》规定了对部分网络隐私权进行保护。2009 年 2 月 28 日第十一届全国人大常委会第七次会议通过的《中华人民共和国刑法修正案（七）》中将出售或者非法提供公民个人信息的行为界定为犯罪行为。地方政府及相关主管部门积极推动个人信息保护工作，制定了个人信息保护的法规和规章，对互联网信息服务中的用户信息安全、电子邮件用户注册信息和邮件地址保密，提出了要求和规定。如大连 2005 年颁布和实施了大连市《大连软件及信息服务业个人信息保护规范》，在此基础上 2007 年 6 月颁布和实施了《软件及信息服务业个人信息保护规范》——辽宁省地方行业标准，2008 年又制定、颁布和实施了辽宁省全行业的《个人信息保护规范》地方标准。填补了目前我国尚未出台的关于个人信息保护的法律法规。该标准的出台，有助于推动我国服务外包行业中的个人信息保护工作的顺利展开。但是，从总体上看，我国目前还没有一个全面、系统的个人信息保护法律，管理机构也比较分散。特别是在信息服务外包业务以及电子商务的竞争中（包括电子政务），我国与其他国家比较，在信息安全保护意识与规范方面具有一定的差距，个人信息保护意识比较差，立法比较滞后，力度也比较薄弱。辽宁省大连市在信息服务外包企业中开展个人信息保护工作已经多年，2007 年又建立了个人信息保护评价体系（PIPA），并与日本的"个人信息保护认证体系"（P－MARK）互认，取得比较显著的效果。

3. 外包服务业个人信息保护现状

个人信息保护是信息服务外包发展的重要的信誉支撑体系。为数不多的省市开展了个人信息保护能力和水平的评价工作。以大连为例，自 2005 年开始，开展了个人信息保护工作。2006 年建立了我国最早的个人信息保护能力和水平的评价体系——个人信息保护评价（PIPA）体系，目前主要应用于软件及信息服务业，特别是软件外包企业。经过几年来的努力，取得了一些成绩和经验，得到了国内外企业的认可。目前已有 70 余家企业开展了 PIPA 评价工作，其中有 30 余家企业已经通过了 PIPA 评价，获得了《个人信息保护合格证书》。2009 年 8 月，大连软件行业协会调查了大连市实施个人信息保护状况，图 7—4 所示为实施 PIPA 认证后的效果。

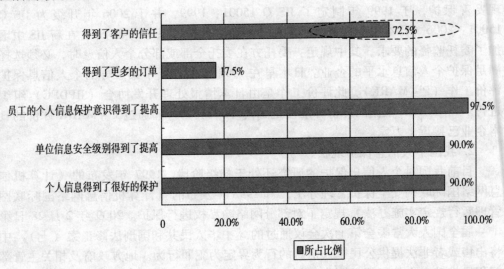

图 7—4　实施 PIPA 取得的实际效果

7.4.3　服务外包中的个人信息安全威胁

信息服务业个人信息滥用的现象比较普遍，部分企业在收集、使用用户信息方面存在很多的问题。例如，部分社交网站在注册过程中收集了用户的 QQ 账号和密码，以此获得用户的好友列表，在用户不知情的情况下，向其好友发送邀请来加入某些交友网站等，这是典型的网站引诱、误导收集信息的方式。

服务外包中同样存在个人信息泄露、滥用现象，如印度曾经出现过一家 IT 企业盗取受托保管的储户信用卡资料事件。

在服务外包中，个人资料的录入、扫描、网络传输、电子邮件、委托数据、光盘、软盘、计算机、笔记本、U 盘、其他存储设备、传真等因管理措施不当均能构成对个人信息的威胁。

1. 个人信息安全意识导致的威胁

个人信息安全意识缺乏是导致个人信息安全事件的主要威胁。个人信息安全意识主要包括：

（1）整个行业缺乏个人信息安全意识。行业是同类型企业或从事同类型职业的自然人形成的社会经济体。对同一行业内的企业都会产生影响的行业环境因素，可能制约企业的行为。如果行业整体缺乏个人信息安全意识，将对整个行业产生不可小觑的影响。

（2）企业最高管理者的个人信息安全意识淡薄。如果最高管理者缺乏个人信息安全意识，对企业行政管理、业务流程、环境安全、员工行为、技术管理等与个人信息安全相关的各个方面缺乏有效的管理、领导、决策、支持，将对外包业务中涉及个人信息的安全产生灾难性后果。

（3）各级管理者代表的个人信息安全意识淡薄。如果企业内与个人信息相关的各级管理者代表缺乏个人信息安全意识，在个人信息收集与处理、行政管理、技术管理、业务管理中，不善于利用已有的安全措施，缺乏健全的安全管理措施，就有可能造成重大的个人信息安全事件。

（4）员工个人信息安全意识淡薄。员工不了解个人信息的属性、不知道个人信息安全的重要性和保护个人信息安全的必要性、不清楚个人信息主体享有何等保护权和保护权限、提交个人信息具有随意性（如各种个人账号、密码、个人手机信息、联系方式、个人简历、名片等），以及对个人信息泄露可能造成的影响和后果无意识等。

2. 个人信息安全威胁的外部因素

随着社会、经济、科技的发展，个人信息更凸显其商业价值和经济利益。由于服务外包中个人信息多样性等特征的存在，企业外部因素对外包中所涉及的个人信息的威胁日益增大，近几年不断出现的个人信息安全事件仅是冰山一角。

威胁个人信息安全的外部因素多指基于 IT 的风险，与网络互联的信息资源，均存在这种风险，如间谍软件、网络钓鱼、木马，以及嗅探、扫描、渗透技术等。

3. 个人信息安全威胁的内部因素

经济利益的诱惑、个人信息安全意识缺乏、企业文化的引力、工作态度、道德约束力弱、社会关系等均可能成为个人信息安全威胁的内部因素。与内部因素相关的内部人员，包括企业员工、曾经雇用的企业员工、商业伙伴、分包商等与企业有相应关系的各类人员。

7.4.4 服务外包中个人信息安全策略

个人信息安全策略是相对的，即使采取了风险对策，也不能消除所有的风险。应尽量采取现阶段可行的对策，对目前无法采取措施的那部分风险，要作为残存风险进行掌握和管理，重要的是要认识到残存风险。另外，在个人信息的生存周期内，风险不是一成不变的，它随着某些因素的变化而不断变化，应定期或根据需要进行重新评估。

安全策略是为保障个人信息安全必须遵守的规则。这些规则包括安全标准、安全措施、安全教育、法律法规等。

1. 明确的管理方式

制定个人信息安全策略，确立预期的安全目标和相关的责任，确保个人信息管理是在一种合理的安全状态下，同时，不会影响企业员工从事正常的工作。

同时，根据企业内各个部门个人信息安全相关的安全需求的实际情况，分别制定不同的个人信息安全策略。

2. 员工意识

必须培训所有员工理解、认识个人信息安全的重要性和保护个人信息的必要性；对个人信息安全负有特殊责任的人员必须进行特殊的培训，以使个人信息安全管理的规则真正落实到实际工作中。

3. 技术管理

制定与个人信息相关的信息资源的技术管理策略，包括网络基础设施、网络访问策略、数据安全策略、个人信息安全管理技术、风险控制、环境安全、员工行为等。

4. 标准、法规、规章

必须严格执行个人信息安全相关法规、标准，并依据企业实际需要制定相应的企业规章，规范企业管理活动和员工行为。

第8章　个人信息安全保护模式

个人信息安全是随着社会的进步和科技的发展逐渐走进人们的视野。特别是信息技术的发展，使个人信息安全问题日渐凸显。如何保护个人信息和个人隐私，采用何种方式保护，已经成为个人信息安全需要首先考虑的问题。

由于欧盟、美国在国际政治、经济中的重要地位和作用，并因此在个人信息安全领域中对其他国家的影响，它们的个人信息安全保护模式可以称为两种不同的范本。

8.1　美国保护模式

行业自律模式的肇始，是一种民间的、保护网络隐私权的个人信息安全保护模式。通过行业内部的行为规则、规范、标准和行业协会的监督，实现行业内个人信息安全的自我规范、约束和完善。行业自律模式是在充分保证个人信息自由流动的基础上，保护个人信息，从而保护行业利益。

美国是行业自律模式的倡导者，它采取政府引导下的行业自律，规范行业内个人信息处理行为，同时通过分散立法，辅助行业自律的实施。为了鼓励、促进信息产业的发展，对网络服务商采取比较宽松的政策，通过商业机构的自我规范、自我约束和行业协会的监督，实现个人信息的安全，并在隐私保护和促进信息产业发展之间寻求平衡，以保证网络秩序的安全、稳定。

美国于 1995 年正式提出个人信息保护原则，美国政府信息基础设施特别工作组（IITF）下设的个人隐私工作组公布了《个人隐私和国家信息基础设施：个人信息的使用和提供原则》报告，提出了有关个人信息收集、加工、处理、再利用的基本原则。但报告仅仅表明政府保护个人信息的态度，并不具备法律效力。

随后于 1997 年，美国政府发布了《全球电子商务政策框架》。报告中关于个人隐私部分占有很大比重，强调私营企业在保护网络隐私权中的主导作用，支持私营企业为此进行的自我规范的努力。报告提出了两个保护网络隐私权的基本原则：

（1）告知原则。收集公民个人信息时，应当向公民说明信息收集的相关情况，以便公民在充分了解相关信息情况下决定是否可以提供个人信息，如果在未充分告知的情况下收集公民个人信息，或披露不完整、不准确、过时的个人信息是不公平的，侵害了公民的网络隐私权。

（2）选择权原则。公民对与自己相关的个人信息的使用目的、方式等有完全的决定权。

由于政府鼓励自由竞争，发展行业自律，尽可能依靠市场调节解决相应问题，避免对市场造成不适当的限制，各行业自律组织不断发展。

美国的行业自律模式存在两个层次:

(1) 建议性行业指导。这是指为行业内成员提供网络隐私保护的广为接受的指导建议。例如,1998 年 6 月,由美国电子工业协会、美国工商协会和 AOL、AT&T、IBM、Bank of America 等 100 多家主要团体和企业成立了"在线隐私联盟"(Online Privacy Alliances,OPA),发布了在线隐私指导,规定网上在线收集个人数据资料应全面告知消费者,包括所收集信息的种类、用途,以及是否向第三方披露该信息等。指导并不监督行业成员的遵守情况,也不制裁违反行业指导的行为。

(2) 网络隐私认证计划(Online Privacy Seal Program)。行业自律模式需要建立第三方独立的监督执行机制,包括申诉机制、评估机制、争端解决机制、制裁机制等,保障行业自律的公信度和执行力度。

在线隐私联盟根据网上在线收集信息的不同情况,分别制定了自我规范的原则,并提出第三方机构监督执行机制,即网络隐私认证计划。网络隐私认证计划是私人行业实体为实现网络隐私保护采取的一种自律形式。比较著名的有美国商务网络财团(Commerce. net)和电子前线基金会(Electronic Frontier Foundation,EFF)共同发起的非营利性网络隐私认证机构 TRUSTe、美国 Council of Better Business Bureaus 子公司 BBBonline(Better Business Bureaus online)实行的网络隐私认证计划(BBBonline Privacy Seal Program)。

TRUSTe 以 OPA 行业指导原则为基础,制定个人隐私保护基本原则,主要包括:制定经 TRUSTe 审查认可的隐私保护政策,可识别个人信息主体的个人信息的收集和利用必须告知个人信息主体,个人信息主体有个人信息的控制权等。

BBBonline 制定了同样的原则,同时,也涵盖了潜在(间接收集)的个人信息。

网络隐私认证计划,要求许可张贴隐私认证标示的网站,必须遵守网上在线收集、利用个人信息的行为规则,并接受某种形式的监督管理。认证与自律的结合,既保证了自律的规范性得以实现,也可以引起公众的注意和信任。

行业自律模式存在不可避免的缺陷。这种模式没有统一的标准,缺乏有力的法律支撑和执行力,即使获得隐私认证,也不能保证不会侵害个人隐私。一些通过 TRUSTe 认证的大型企业,甚至 TRUSTe 本身都曾经受到侵害个人隐私的相关指控。

美国政府既要保护个人隐私,又不希望切断信息的自由流动。通过适宜的相应立法,配合自律机制,有效实现个人隐私保护。

美国于 1974 年通过的《隐私权法》,可以视为美国保护隐私权的基本法,是美国行政法中保护个人隐私的重要法律。《隐私权法》对政府机构收集、使用、公开个人信息和个人信息保密制定了详细的规范,明确"隐私权为联邦宪法所保障的基本人权"。

美国国会在一些比较敏感的领域,如儿童信息、医疗档案、金融数据等,采取分散立法形式保护个人信息,如《消费者网上隐私法》、《儿童网上隐私保护法》、《电子通讯隐私法案》等。

1998 年，美国联邦贸易委员会（FTC）抽查了 1 400 个网站，只有 14%的网站告知用户采集的个人信息将被如何使用。造成这一现象的主要原因是缺乏有力的法律约束。FTC 据此认为有必要立法以确保网络隐私权得到保护，并提出四项公平信息原则：

美国联邦贸易委员会提出了四项基本原则：

（1）知会原则。收集和处理个人信息时，应将收集、利用的目的、用途、内容，明确告知个人信息主体。

（2）选择权原则。个人信息主体对被收集个人信息的使用目的、使用方式、二次开发等享有完全的决定和选择权利。

这两条原则与《全球电子商务政策框架》中提出的原则相似。

（3）通道与参与原则。个人信息主体有权查看所收集的本人的个人信息，并有权质疑个人信息的准确性和完整性。

（4）完全与完整性原则。应采取足够的管理、技术措施，防止未经授权的查看、损毁、使用、披露个人信息。

作为实施自律模式保护个人信息时的指导原则，以便与采取立法模式的国家和地区保持一致。

FTC 立法模式的构想遭到以 OPA 为代表的美国业界的强烈反对。尽管如此，行业自律模式的局限性和在实践中遭遇的不可避免的缺陷，使美国国内越来越多的人倾向采用立法模式保护个人隐私。

美国采取的隐私灵活保护政策要通过欧盟"充分性"保护标准，实现个人信息跨境自由流动，需要建立新的协商机制。美国与欧盟经过两年的协商，于 2000 年签署了个人数据保护协议，即安全港协议。

安全港协议由美国企业自愿参加，并承诺遵守美国和欧盟制定的个人隐私保护原则，欧盟则认为这些企业达到欧盟充分性保护标准，可以接受来自欧盟的个人数据。

根据美国和欧盟的隐私保护原则，安全港协议要求在安全港内的企业，应对其收集个人信息的种类、使用的目的、可能提供的第三方等，提前"清晰和明显"地通知个人信息主体；进行网上数据传输时，应向欧盟安全港监督机构提出申请，获得批准后可与欧盟成员国的企业、个人进行网上交易；美国企业应同时遵守美国的隐私保护政策，遵守行业自律的自我约束原则。

自律模式的自我约束机制，在保护网络隐私权中发挥了一定作用。但是，自律模式也存在一些明显的缺陷：获得隐私认证，并不能保证不会侵犯个人隐私；当个人信息主体与网络经营者利益不一致，特别是个人信息用于商业用途可获得丰厚的商业利益时，很难保证会遵守认证协议；没有加入隐私认证计划的大多数公司，不会受到认证规则的约束和规范等。

8.2 欧盟保护模式

欧盟保护模式是由国家主导的立法模式。国家通过立法确定保证个人信息安全的各项基本原则和具体的法律规定等。

与美国实行的行业自律模式不同，欧盟各国普遍认为，人格权是法律赋予自然人的基本权利，个人信息体现了自然人的人格利益，应当采取相应的法律手段加以保护。

欧盟采用立法模式保护个人信息，是基于保障基本的人格权益。早于 1980 年，当时的欧洲议会为在各成员国间保护经自动化处理的个人数据，通过了《保护自动化处理个人数据公约》 （Council of Europe：Convention for the Protection of Individuals with Regard to Automatic Processing of Personal Data）。

1995 年，欧洲联盟通过了《关于与个人数据处理相关的个人数据保护及此类数据自由流动的指令》即《个人数据保护指令》（以下简称《指令》）。《指令》几乎涵盖了个人数据保护的所有领域，包括个人数据处理形式、个人数据收集、记录、储存、修改、使用或销毁，以及基于网络的个人数据收集、记录、传播等，规定欧盟各成员国必须根据这个指令，制定本国的个人数据保护法，以保障个人数据资料在成员国间的自由流动。

《指令》首先确定应保护自然人的基本人权和自由，特别是个人数据处理隐私权的保护。《指令》将个人数据定义为：与识别或可识别的自然人（数据主体）相关的所有信息。与《保护自动化处理个人数据公约》不同，在《指令》中，个人数据处理包括自动或非自动的处理方式。

《指令》确立了个人信息保护的基本原则。这些基本原则包括个人数据管理者的责任和义务及个人数据主体的权利两部分。

个人数据管理者的责任和义务如下：

（1）数据质量原则。

个人数据处理应做到：①公正、合法的收集和处理（processed fairly and lawfully）；②基于特定、明确、合法的目的（collected for specified, explicit and legitimate purposes and not further processed in a way incompatible with those purposes）；③个人数据的收集和处理必须充分和相关，不能过度，不能超越目的范围（adequate, relevant and not excessive in relation to the purposes for which they are collected and/or further processed）；④必须完整、准确，并保持最新状态（accurate and, where necessary, kept up to date）；⑤以可识别的数据主体允许的形式保存（kept in a form which permits identification of data subjects）。

（2）数据处理合法化原则。

个人数据处理必须做到：①经个人数据主体明确同意（the data subject has unambiguously given his consent）；②符合法定义务（processing is necessary for compliance with a legal obligation to which the controller is subject）；③保护个人数据主体的重大利益（processing is necessary in order to protect the vital interests of the data subject）。

（3）告知原则。

个人数据收集（直接收集、间接收集）应将相关信息告知个人数据主体：①个人数据管理者的识别（the identity of the controller and of his representative）；②数据处理的目的（the purposes of the processing for which the data are intended）；③数据收集者（接受者）（the recipients or categories of recipients of the data）；④个人数据主体不提供数据的后果（whether replies to the questions are obligatory or voluntary, as well as the possible consequences of failure to reply）；⑤查询和更正的权利（the existence of the right of access to and the right to rectify the data concerning him）。

（4）特殊类型数据处理原则。

禁止处理涉及种族、政治、宗教信仰、工会会员及健康、性生活等的个人数据（Prohibit the processing of personal data revealing racial or ethnic origin, political opinions, religious or philosophical beliefs, trade-union membership, and the processing of data concerning health or sex life）。

个人数据主体的权利如下：

（1）查询权利。在合理的期限内，无过多延迟和过多花费地从个人信息管理者获得相应信息（Member States shall guarantee every data right to obtain from the controller, without constraint at reasonable intervals and without excessive delay or expense），包括确认相关个人数据处理的信息、相关档案和数据来源信息，以及了解自动化处理逻辑等。

（2）不符合指令规则的个人信息处理，特别是数据不完整、不准确，应适当更正、删除或封存（as appropriate the rectification, erasure or blocking of data the processing of which does not comply with the provisions of this Directive, in particular because of the incomplete or inaccurate nature of the data）。

（3）数据主体拒绝的权利。在某些情况下，个人数据主体有权拒绝个人数据处理（to object, on request and free of charge, to the processing of personal data relating to him which the controller anticipates being processed for the purposes of direct marketing, or to be informed before personal data are disclosed for the first time to third parties or used on their behalf for the purposes of direct marketing, and to be expressly offered the right to object free of charge to such disclosures or uses）。

《指令》确认的个人信息保护基本原则还包括：

（1）例外和限制。通过立法措施限制因涉及国家安全、公共安全、刑事调查等获得个人数据的义务、权力的范围。

（2）保密和安全原则。采取技术手段和管理措施，保证个人数据处理的保密性、安全性。

欧盟制定了一系列严格、完善、规范的个人信息保护法律框架，包括《关于与个人数据处理相关的个人数据保护及此类数据自由流动的指令》，即《个人数据保护指令》、《电子通讯数据保护指令》、《私有数据保密法》、《互联网上个人隐私权保护的一般原则》、《关于互联网上软件、硬件进行的不可见的和自动化的个人数据处理的建议》、《信息公路上个人数据收集、处理过程中个人权利保护指南》、《关于与欧共体机构和组织的个人数据处理相关的个人数据保护及此类数据自由流动的规章》等一系列的相关法律、法规，提供清晰的、可遵循的保护个人数据安全的基本原则，规范个人数据收集、处理、利用的行为。

欧盟采用两个层次的立法模式，即欧盟统一立法和欧盟成员国国内立法。通过指令、原则、准则、指南等立法规制，欧盟要求各成员国建立统一的个人隐私保护法律、法规体系，保证个人数据在成员国之间自由流通，在欧盟各成员国内建立统一的个人数据安全法律体系。

欧盟立法模式覆盖面广，明确了义务主体（个人信息管理者，如网络服务商等）的法定义务，相对于个人信息主体，更加透明，更易于保护个人信息安全，适于各种个人数据的相关行为。同时对向第三国跨境传输个人数据进行限制，要求必须通过欧盟的"充分性"保护标准（The Member States shall provide that the transfer to a third country of personal data which are undergoing processing or are intended for processing after transfer may take place only if, without prejudice to compliance with the national provisions adopted pursuant to the other provisions of this Directive, the third country in question ensures an adequate level of protection）。这一限制引发许多非欧盟国家纷纷制定个人信息安全相关法规，以适应欧盟的要求。

欧盟与美国的两种保护模式的价值取向不同，必然导致冲突。《个人数据保护指令》关于"除非非成员国适当保护个人数据及相关个人，否则成员国不能向非成员国传播数据"的规定，使欧盟与美国产生了严重的分歧。

为了调和美国和欧盟之间的矛盾，促进各国间的个人信息自由交流，经过双方长时间的磋商和谈判，达成了建立"安全港机制"的协议。协议规定，在网络交易中，美国企业应向欧盟"安全港"监督机构提出网络数据传输申请，经批准后，方可与欧盟成员国个人或企业进行交易。

8.3　日本保护模式

欧盟和美国在国际政治、经济中的重要地位和作用，为个人信息安全提供了保护模式范本。与美国保护个人隐私的发生、发展类似，日本个人信息保护的发生、发展亦自地方公共团体和非政府的民间团体开始。在现今日本相对完善的个人信息安全保障体系中，个人信息保护模式，参考了欧盟的立法模式，更多采纳了美国的保护规制，通过政府立法和行业自律实现个人信息安全。

日本的个人信息保护源于电子政府推进过程。实施电子政府，建立政府信息公开机制，必然涉及个人信息的收集、存储、处理和交换，因而存在潜在的侵害个人信息主体权益的风险。根据 OECD 确定的个人信息保护八项原则，1988 年，日本政府制定了《有关行政机关电子计算机自动化处理个人信息保护法》（行政機関の保有する電子計算機処理に係わる個人情報の保護に関する法律），并于 1989 年 10 月开始实施，主要规范国家行政机关利用计算机处理个人信息的行为。

在政府制定相关法令之前，日本地方公共团体（依日本地方自治法的划分，日本地方公共团体是指都、道、府、县、市、町、村）已经认识到保护个人信息的必要性。自 1975 年日本东京都国立市制定第一个个人信息保护条例以来，许多地方公共团体相继制定了涉及个人信息保护的相关规范。据日本总务省调查统计，截至 2000 年 4 月 1 日，共有 1 748 个地方公共团体制定了相关个人信息保护条例；截至 2003 年，大多数地方政府均制定了《个人信息保护条例》。

日本非政府的民间团体企业没有专门的个人信息保护相关法律，主要通过行政指导、行业自律或个别法的某些规则自我规范、自主规制，如日本信息处理开发协会（JIPDEC）制定的《关于民间部门个人信息保护指导方针》等。通产省在此基础上制定了《关于民间部门电子计算机处理和保护个人信息的指导方针》，为非政府民间团体个人信息保护提供了指南。

依据通产省的指导方针，日本信息处理开发协会（JIPDEC）1999 年 3 月制定了日本工业标准（JIS）《个人信息保护管理体系要求事项》（個人情報保護マネヅメントッステム——要求事項）（JIS Q 15001），开始实施个人信息保护标识机制。1999 年 4 月，根据 JIS Q 15001，JIPDEC 开始进行个人信息保护审核、认证工作（P－MARK 认证）。P－MARK（Privacy Mark）认证是 JIPDEC 对日本民间企业的个人信息保护状况进行评估和认定，其所颁发的个人信息保护标识，表明该企业遵守个人信息保护的相关法规和标准，遵守个人信息使用、处理的承诺，以提高企业的可信赖性。

但是，个人信息保护标识不具有法律效力。借助行政指导、行业自律及认证等措施，并不能约束使用、处理个人信息的行为，恶意收集、使用或泄漏个人信息的事件，屡有发生，而且事后救济和制裁措施不完善。

经过长期的实践和讨论，日本确定了适用于公共部门和非公共部门个人信息保护的基本原则，制定特殊领域的个别法，鼓励非公共部门实施行业自律的个人信息保护机制，并于 2003 年通过了《个人信息保护法》。

2005 年开始实施的《个人信息保护法》（個人情報の保護に関する法律），是日本实施个人信息保护的基本法。以个人信息有效利用，同时加以保护为宗旨，确立了个人信息保护的基本方针和应采取的措施，明确了国家、地方公共团体的责任和义务，以及处理、使用个人信息的个人信息处理业者的义务等。法律共分六章，包括总则（目的和基本理念）、国家和地方公共团体的责任和义务、个人信息保护方针和政策、个人信息处理业者的责任、法律例外和处罚。

除《个人信息保护法》外，还分别制定了国家行政机关、地方公共团体、行政法人等相关法规，如《关于行政机关持有的个人信息保护的法律》、《关于独立行政法人持有的个人信息保护的法律》等，意味着日本已经构建了相对完善的个人信息保护法律体系。

同时，日本为推进个人信息保护体系的实施和完善，借鉴美国的行业自律模式，采用 P－MARK 认证机制，替代争端解决机制，配合《个人信息保护法》的实施。

日本工业标准（JIS）《个人信息保护管理体系要求事项》（JIS Q 15001）是可操作的行业自律标准。与《个人信息保护法》比较，JIS Q 15001 制定了详细的、构建企业个人信息保护管理体系的规则，具有以下特点：

（1）个人信息保护方针。个人信息管理体系必须遵循和执行的规则和措施，包括：在特定的目的和范围内收集、利用和提供个人信息的措施；个人信息泄漏、损毁、丢失的预防；遵守个人信息保护相关法律、法规；个人信息保护管理体系的持续改进等。

（2）风险分析和风险管理措施。识别、分析个人信息处理中可能出现的各种风险，采取必要的管理措施。

（3）管理规章。个人信息保护管理体系应制定相应的各类管理规章，保证个人信息管理的规范化。《个人信息保护管理体系要求事项》列举了应制定的主要规章。

（4）个人信息保护管理体系实施的监察。《个人信息保护管理体系要求事项》要求制订监察计划，定期监察个人信息保护管理体系的运行，编制监察报告。对个人信息保护不当、失误的，应采取相应的预防和处罚措施。

（5）个人信息保护管理体系文档管理。

（6）个人信息收集、利用、提供的例外等。

行业自律模式和法律保护模式，各有所长。行业自律是一种有效的个人信息保护机制，但是，单纯的自律模式，并不能完全有效地保护个人信息，与法律保护模式结合，立法个人信息安全的基本原则和规范，可以更好地发挥行业内个人信息保护自律机制的作用。

8.4 德国保护模式

德国个人数据保护法是比较有代表性的，采取统一立法模式，以信息自决权为宪法基础，以人格权为民法基础，统一规范、保护所有个人数据。

德国个人数据保护法规范了立法原则、监督机构、损害赔偿等机制，已经成为个人数据保护的一种立法范本。

完备的个人数据保护立法原则是个人数据保护的核心。德国个人数据保护法的个人数据保护原则体现了信息自决权的内涵。

（1）直接原则。原则上应直接向个人数据主体收集个人数据。

（2）更正原则。为了保护个人数据的内容完整与正确，个人数据主体有权修改个人数据，以使个人数据在特定目的范围内保持完整、正确、及时更新。

（3）目的明确原则。收集个人数据必须基于明确的目的，禁止公务机关和非公务机关超目的范围非法收集、储存个人数据。

（4）安全保护原则。应采取安全措施保护个人数据，避免可能发生的个人数据泄漏、意外灭失和不当使用。

（5）公开原则。个人数据收集、处理与利用，一般应保持公开，个人数据主体有权知悉相应的收集、处理、利用情况。

（6）限制利用原则。利用个人数据时应严格限定在收集目的范围内，不应作收集目的之外使用。

有效的监督救济机制是保障个人数据主体权利的关键。德国个人数据保护法对个人数据处理进行监督制定了严格、系统的规定，对监督机构的组成、人员素质等提出了具体要求。

德国个人信息保护法的权利救济措施采取损害赔偿机制。在德国个人数据保护法中，将个人数据的侵权行为分为行政侵权行为和民事侵权行为。所谓侵权行为，即非法收集、利用和处理个人数据的行为。法律明确区分两种侵权行为发生的损害赔偿，分别规定了不同的责任原则和赔偿范围。

8.5　我国的个人信息保护模式

香港地区 1996 年 12 月 20 日开始实施《个人资料隐私条例》。条例倾向于欧盟的《个人数据保护指令》，符合该指令关于向第三国传送数据的规定。

内地 2003 年开始启动个人信息保护立法研究，经过两年的努力，形成《中华人民共和国个人信息保护法（专家建议稿）》。

专家建议稿综合考虑世界各国普遍采用的个人信息保护模式，明确规定，我国个人信息保护模式采用综合立法，即《个人信息保护法》、特别立法。根据特殊行业立法，补充综合立法、行业自律，通过行业内部的行为规范实行自律及技术保护，即通过各种技术手段保护个人隐私。

专家建议稿提出的个人信息保护模式的一个特点，是个人信息安全威胁的预防，即事前干预与事后干预的结合，在个人信息处理之前即加以规范，保证实现个人信息保护的同时不阻碍正常的流动。

另一个特点，是个人信息的不当泄漏，属于违法行为，可能承担行政责任、民事责任和刑事责任。

然而，我国地域辽阔，经济、社会发展不平衡，几千年的传统观念根深蒂固，短时期内尚不具备在全国范围内实行统一的个人信息保护模式，建设相对完善的个人信息安全法律体系的条件和环境。

大连市信息产业局、大连软件行业协会为了适应信息服务业的发展，特别是规范软件外包中的个人信息处理行为，更好地开展国际交流，于 2005 年启动了《软件及信息服务业个人信息保护规范》的编制工作，并于 2006 年推出了《大连软件及信息服务业个人信息保护规范》，2007 年修订后正式实施。

《大连软件及信息服务业个人信息保护规范》（以下简称《规范》）是中国首部信息服务业个人信息保护行业自律规范。这部规范是大连市信息产业局、大连软件行业协会在充分研究、分析世界上一些国家的个人信息保护模式、相关法规、标准，根据大连市信息服务业的特点和目前我国信息服务业的特点和方向，主要以日本《个人信息保护管理体系要求事项》（JIS Q 15001）为蓝本，吸取其精华，根据我国国情编制的。

（1）规范以 OECD 八项基本原则为基础，保证个人信息的有序、合法、有效利用，确立了信息服务业个人信息保护的基本原则和基本方针。

（2）由于日本构建了以《个人信息保护法》为基本法，国家机关、地方公共团体、行政机关、独立行政法人等分别制定相应的法律、法规，同时，采用 P - MARK 认证机制，配合法律执行的相对完备的法律体系，其体例、内容等相对成熟和完整。因此，规范的框架、体例和部分内容，沿袭了日本《个人信息保护管理体系要求事项》（JIS Q 15001），同时，根据国情和我国信息服务业的特点，编制了相应的条文。

由于个人信息安全已经成为国际交流的贸易壁垒。根据我国，特别是大连市信息服务业的特点，基于《大连软件及信息服务业个人信息保护规范》，大连率先开展了个人信息保护认证工作——PIPA 认证。目前，大连市正在形成较为完整的个人信息保护认证体系，已有多家企业通过了 PIPA 认证，并获得日本 P - MARK 的认可。2008 年 6 月 19 日，大连软交会期间，大连与日本之间实现了 P - MARK 与 PIPA 互认，在大连与日本的信息服务外包业务中，将会消除因个人信息保护引发的摩擦、壁垒。

2007 年，以《大连软件及信息服务业个人信息保护规范》为基础，形成了《辽宁省软件及信息服务业个人信息保护规范》，并于 2007 年 8 月 1 日正式实施。

成都也是我国首批服务外包城市，为促进成都信息服务业的发展，规范个人信息利用行为，成都软件行业协会于 2007 年发布了《成都软件及信息服务业个人信息保护规范》。与大连规范的不同点，仅在于成都规范对软件及信息服务业做了明确定义。

为了提高全社会的个人信息保护意识，规范个人信息管理和使用，维护公民基本的人格权，构建个人信息保护体系，2008 年 6 月 19 日，大连软交会期间，辽宁省正式发布了我国面向全社会的第一部个人信息保护地方标准——《辽宁省个人信息保护规范》，为企事业、机关团体等组织建立个人信息保护制度提供可供参考的依据，提高个人信息保护能力和个人信息安全规范管理水平和质量。

《辽宁省个人信息保护规范》规定了个人信息保护相关术语和定义、个人信息保护原则、个人信息保护体系的建立、个人信息主体权利、个人信息管理者的义务、个人信息保护实施、个人信息保护的安全机制、持续改进、个人信息保护体系评价等基本规则和要求，适用于自动和非自动处理个人信息的机关、企业、事业和社会团体等组织和个人。

《辽宁省个人信息保护规范》主要依据国际、国内相关法律、法规及信息安全相关标准，如 ISO 27001、ISO 27002、JIS Q 15001、我国《个人信息保护法（专家建议稿）》、《辽宁省软件及信息服务业个人信息保护规范》等，遵循 OECD《关于保护隐私和个人数据跨国流通的指导原则》，参考国际通行的个人信息保护相关法规和行业自律模式编制。

《辽宁省个人信息保护规范》是基于尊重和保护个人的人格权，面向全社会的实施、推广编制的，与《软件及信息服务业个人信息保护规范》比较，具有更宽泛的内涵和外延。《辽宁省个人信息保护规范》（以下简称《规范》）具有以下特点：

（1）自动和非自动处理

计算机及其相关和配套设备、信息网络系统、信息资源系统等的普及和应用，可以按照一定的应用目的和规则，自动进行个人信息收集、加工、存储、传输、检索、咨询、交换等业务，但是，由于各种原因，在社会各个行业中，仍然存在大量的、非自动处理的、人工进行信息收集、加工、存储、传输、检索、咨询、交换等业务。我国的国情决定了这种非自动处理情况会在一定时期和阶段普遍存在，也恰恰是个人信息保护的重点之一。因此，在《规范》中予以考虑，并与自动处理视为同等重要。

（2）个人信息数据库

由于社会、行政、经济活动的需要，政府、机关、事业团体、企业及商业机构大量收集、储存、积累个人信息，形成各具不同目的和应用的、保管个人信息的"库"，即个人信息数据库。

个人信息数据库不是技术层面的数据库概念。个人信息管理者将收集到的个人信息，根据特征、类别，按照一定的方式存储，构成综合的个人信息数据库。根据综合数据库反映出的不同的自然人群的个体特征和个人信息处理目的，对个人信息采取不同的处理方式，满足不同的个人信息管理者的需要。个人信息收集愈详尽，个人信息处理和利用的空间愈大，增值潜力也愈大。各种机构、网站采用各种方式，主动地、被动地、尽可能详细地收集个人信息。通过对个人信息数据库的分析，获得更多的个人信息主体未透露的信息，进一步深度开发个人信息。通过个人信息数据库，可以多次、无限制地反复处理、利用个人信息，重复获得倍增的经济利益。例如，房地产商拥有详细的购房人的个人信息，这种个人信息综合数据库可能是非商业的，是为便于与购房人之间的联系。如果房地产商提供给其他不同的商业机构使用，购房人就可能难以摆脱房屋装修、家具制造、家用电器、房屋中介等不同商品经销商的纠缠，甚至，商业机构可以分析出购房人的习惯、爱好等，以便获取更大的利润。

　　《规范》定义了三种类型的个人信息数据库：可以通过自动处理检索特定的个人信息的集合体，如磁介质、电子及网络媒介等；可以采用非自动处理方式检索、查阅特定的个人信息的集合体，如纸介质、声音、照片等；除前两项外，法律规定的可检索特定个人信息的集合体。

　　（3）个人信息的利用行为

　　目前，在大量的个人信息利用行为中，个人信息二次开发和交易是社会关注的焦点。一些商业机构受利益驱动，分析、挖掘、加工个人信息，以获得个人信息主体的个人隐私；或利用个人信息赚取利润，个人信息及其主体存在极大的安全隐患。如前例中，如果房地产商将相关的个人信息数据库，提供给其他不同的商业机构使用，就是一种个人信息交易行为。这种交易行为包括个人信息管理者之间交换所掌握的个人信息、个人信息管理者出售所掌握的个人信息等。不论个人信息交易还是个人信息交换，多数是在个人信息主体不知情或不能控制的情况下进行的，直接侵犯个人信息主体的知情权、控制权等合法权益，对个人信息主体的危害更为严重，可能导致个人信息主体的人格权益不可逆转地灭失，人格权益的灭失对个人信息、个人信息主体将产生巨大的安全隐患和威胁。因此，在《规范》中特别考虑了个人信息利用的规范化。

　　（4）个人信息保护认证机制

　　目前，大连市实施的个人信息保护体系评价机制，对促进个人信息保护工作的开展，树立企业形象和信誉是比较成功的，是可资借鉴的。因此，《规范》中规定："为提供个人信息保护的质量保证，应对个人信息管理者实施个人信息保护的状况进行评价，以确定其与个人信息保护相关法律、法规、规范的符合性、一致性和目的有效性，并以此作为颁发个人信息保护认证证书的依据。"

　　《辽宁省个人信息保护规范》是大连市个人信息保护工作委员会组织专家、相关人员，在编制完成《软件及信息服务业个人信息保护规范》的工作基础上，研究、调研了社会、经济生活中个人信息保护的相关问题着手编制的，对促进我国个人信息保护相关法规建设将起到积极的作用。

　　除行业自律模式和法律保护模式外，还有称为"技术保护"的模式。基于网络个人隐私保护现状，一些商家倡导技术保护模式，开发了一系列相应的软件。通过隐私保护软件，用户可以自己选择、确定个人隐私的防护方式。如 2000 年万维网联盟（Word Wise Web Consortium）发布了供网络用户控制、保护个人信息安全的软件——个人隐私参数选择平台（Platform for Privacy Preferences Project）。该软件提示使用网络的用户，进入某个网站时哪些个人信息可能被收集，由用户自己决定进入还是退出。这种模式，将个人信息保护交到个人信息主体手中，是个人信息主体依靠技术或某些软件的支持，自我选择、自我控制的模式。技术保护模式强调通过增强个人信息主体的权利保护意识和相关技术的支持，达到保护个人信息的目的。但是，技术本身是不安全的、可信度低的、有局限性的，个人信息需要在法律框架内的保护，技术保护只能具有辅助作用。

第9章 个人信息安全认证体系

个人信息安全认证，是行业自律模式的保障。美国采取行业自律模式保护个人信息，其他国家，如新加坡、澳大利亚等也倡导这种模式。美国在线隐私联盟制定了自我规范的原则，并提出第三方机构监督执行机制，即网络隐私认证计划。网络隐私认证计划是行业自律模式的一种形式，致力于网络个人隐私的保护。日本在个人信息保护法框架内，也参照美国的这种行业自律模式，推行 P－MARK 认证体系。

大连市基于日本模式、参考美国模式，在全国率先推行的个人信息安全认证计划，称为个人信息保护评价体系（或称个人信息安全评价体系）。

9.1 评价体系的发端

申请个人信息保护体系评价是大连市在全国率先开展的个人信息安全认证计划。

随着经济全球化的发展，个人信息安全已经成为各国关注的重要问题，并逐渐形成贸易壁垒和准入制门槛。50 多个国家和地区制定了个人信息安全相关法律、标准。我国个人信息安全相关法律尚在酝酿之中，民间的行为，也仅限于一些企业建立了自己的个人信息保护机制。这种状况不能适应国际业务合作和交流。

大连是国家软件产业基地、软件出口基地，大量的软件和信息处理业务来自国外，随着国外客户对个人信息保护的要求愈来愈细化，业务承接和扩展受到直接的影响。

特别是与日本的业务交流，由于日本建立了比较完善的个人信息保护体系，1999 年，制定了《关于个人信息保护管理体制要求事项》（JIS Q15001）工业标准，并开始实施个人信息保护认证制度——P－MARK；2005 年正式颁布、实施《个人信息保护法》；2006 年，根据《个人信息保护法》对 JIS Q15001 进行了修订，对承包方的个人信息安全提出了更加严格的要求。发包方对信息服务发包更加谨慎，软件外包不提供测试数据，并在合同中增加了个人信息安全的相关条款等，限制了大连市的外包服务业务。

为了与日本企业实现对接，满足客户对个人信息安全的要求，减少企业因个人信息保护不当可能造成的损失，2006 年，大连市发布了《大连软件及信息服务业个人信息保护规范》。全国首部个人信息保护的地方性行业标准《辽宁省软件及信息服务业个人信息保护规范》也于 2007 年 8 月 1 日正式实施。

《大连软件及信息服务业个人信息保护规范》正式实施后，引起许多企业的重视和关注，并开始按照规范要求建立相应的个人信息保护体系。为推进规范的实施，并与日本实现互认，在规范基础上建立了个人信息保护评价体系（PIPA），作为与 P – MARK 实现互认的个人信息安全认证计划。

9.2　评价的基本概念

个人信息保护评价体系是大连市建立的、具有我国行业特色的个人信息安全认证计划。评价的基本概念与认证计划是一致的。

个人信息保护体系评价是系统、客观、全面地监督、判断、评估个人信息保护体系的安全性、有效性，确定个人信息保护体系中需要改进的缺陷、问题的过程。

9.2.1　评价与认证

认证的英文（certification）原意是出具证明文件的一种行为。ISO/IEC 指南 2《关于标准化和相关活动的一般术语及其定义》中，将认证定义为"由可以充分信任的第三方证实某一经鉴定的产品或服务符合特定标准或规范性文件的活动"。

定义涵盖了认证具有的特点：①认证是由独立、公正的第三方认证机构进行的客观的评价；②认证是依据特定的标准或规范；③认证审核过程是对与标准或规范的符合性、一致性及目的的有效性进行评估。

第三方认证机构，必须具有相当的权威性，独立于认证甲乙双方之外，本着公平、公正、客观的原则，维护认证双方的责任和义务，认证证明获得认证双方的充分信任。

个人信息安全认证发端于美国。美国网络隐私认证计划（Online Privacy Seal Program），是私人行业实体为实现网络隐私保护采取的一种行业自律形式。该计划要求：

（1）个人隐私是与公共利益无关的、不希望他人知道、干扰、涉入，期望通过行业自律模式控制网上涉及个人隐私数据资料的非法收集。

（2）加入这一计划并遵守网络隐私保护基本原则的网站，可以在网站上张贴 TRUSTe 认证标志和隐私政策声明，遵守在线信息收集规则，并接受和服从多种形式的监督管理，以表明对用户个人隐私负责。

（3）网络隐私认证计划，通过独立、公正的第三方认证机构，如 TRUSTe，进行客观评价。TRUSTe 认证协议要求认证成员利用网络收集、使用个人数据资料时，遵守 OPA 行业指导原则。

大连市推出的个人信息安全认证计划，是采用个人信息保护评价体系实施个人信息保护体系状况的分析、评估和判断。

评价和评估是汉语中常常混用的两个词，英文中的使用也并不规范，如 assess、evaluate 等。评价和评估都是对相关事物进行价值判断，评价注重对事物本质的分析和判断，多用于理论研究、方法论等，如评价理论、高等教育评价、评价指标、评价体系等，一般翻译为 evaluation；评估则多注重对事物客观的分析和判断，通常用于目的性、实用性较强的事物的分析和判断，如资产评估、项目评估等，多在金融、财政、经济等领域中使用，一般翻译为 assessment。个人信息安全的评判属于方法论的范畴，应使用评价（evaluation），即建立个人信息保护评价体系。

个人信息保护评价体系与认证体系是一致的：

（1）个人信息保护评价机构是独立、公正的第三方机构，对提供信息服务的个人信息管理者实施客观、公平、公正的评价，并要求评价对象遵守个人信息安全相关法规、标准。

（2）依据大连市和辽宁省地方行业标准，对构建、实施和运行个人信息保护体系的个人信息管理者进行评价。通过评价的个人信息管理者，颁发认证标志和相应证书，遵守个人信息安全相关法规和标准，并接受相关机构的监督管理。

（3）对构建、实施和运行个人信息保护体系的个人信息管理者实施评价，是对其个人信息保护体系的构建、实施和运行与相关个人信息安全法规、标准的一致性、符合性和目的有效性进行判断和评估。

个人信息保护体系评价有其独特性。它是基于一个事实，即实现国际个人信息安全认证的互认，避免可能由此产生的贸易壁垒。因而，大连市发起的个人信息保护体系评价，顺应了行业发展的趋势，具有独特的地区优势，为其他行业开展个人信息保护提供了模板，为个人信息安全相关法律的实施积累了经验。

9.2.2　评价的特征

个人信息保护体系评价是独特的个人信息安全认证计划，是个人信息保护体系构建、实施和运行的必然。

个人信息保护体系评价是对个人信息安全，或个人信息安全风险的评价。以实现个人信息安全为目的，参照信息安全理论和方法（信息安全管理体系），根据个人信息管理的特点，识别、分析个人信息安全的威胁、缺陷、不足和漏洞，评估、判断个人信息安全事故和危害的可能性、等级等，提出相应的个人信息安全策略和建议，为建立安全的个人信息管理机制，持续改进和完善个人信息保护体系提供科学的依据。

个人信息保护体系评价可以定义为：由可以充分信任的、公平、公正的第三方机构，系统、客观、全面地监督、判断、评估个人信息保护体系的安全性、有效性，以及与个人信息安全相关法规、标准的符合性的活动。个人信息保护体系评价具有以下鲜明的特征：

（1）个人信息保护体系评价是以个人信息保护体系为评价对象的第三方监督执行机制。我国采取行业自律模式保护个人信息的安全，是在行业内通过执行个人信息安全相关标准，建立相应的个人信息保护体系，避免个人信息泄漏、滥用等行为。个人信息安全相关标准是行业内认可和遵守的行为准则，转化为各个个人信息管理者的行为时，形成第一方监督执行机制。为了与国际业务交流实现对接，避免因个人信息安全形成贸易壁垒，需要独立的第三方机构对行业内个人信息安全情况监督、判断、评估。

（2）个人信息安全目的是申请个人信息保护体系评价的基础。目的决定个人信息安全的基本要求，是个人信息保护体系评价的出发点。个人信息保护体系评价的标准、任务、内容、方法，以及评价的组织形式等，都与个人信息安全目的密切相关。个人信息保护体系评价的目的是监督、判断、评估个人信息安全目的是否达成，通过改进、改善个人信息保护体系，促进个人信息安全目的的实现。

个人信息安全目的是具有指导意义的大纲，根据个人信息安全相关标准将其落实为具体、完善、可操作的个人信息保护体系，才具有实际的个人信息保护体系评价意义。

（3）实现科学的个人信息保护体系评价的手段是技术和管理方法的运用。个人信息保护体系评价是监督、判断、评估个人信息安全的过程，这个过程是各种与个人信息安全相关信息的输入、转换、输出过程。采用技术手段和管理方法，收集、整理、分析、评判和处理个人信息安全的相关信息，是个人信息保护体系评价的基本策略。

（4）个人信息保护体系评价的价值取向。个人信息的价值取向是个人信息的显著特征，对人、社会存在积极的意义和作用。与个人信息安全相关的价值活动，既是个人认识和素养的提高，也表现为经济价值、文化价值和社会价值。个人信息安全目的，也体现了个人信息价值属性的能动性。个人信息保护体系评价就是对个人信息的价值属性的再认识。

（5）保护个人信息安全的效果和影响的判断和评估。保护个人信息安全的效果是个人信息安全目的的达成的程度；保护个人信息安全的影响是在达成个人信息安全目的过程中，对个人、组织、社会，以及经济、文化、政治等施加的作用，或所形成的结果。个人信息保护体系评价应对保护个人信息安全的结果和影响进行全面评估，以便更好地发挥评价的积极作用。

个人信息保护体系评价是根据个人信息安全的目的，采用合理、有效的技术和管理方法，对个人信息保护体系的建立、发展、完善、变化及其影响因素，进行系统、客观、全面地监督、判断、评估的过程。

9.3 评价体系管理

个人信息保护评价体系的管理，是保证个人信息保护体系评价规范化、专业化、科学化的保障，建立科学的管理机制，提高评价质量和效率，体现评价的独立性和权威性。

1. 个人信息保护评价管理机构

个人信息保护评价体系是通过管理机构组织、管理、协调和运作的，建立相对完善的管理机构，明确职责，对个人信息保护体系评价的全过程实施监督、管理。

（1）个人信息保护工作委员会。这是为推进个人信息的保护，制定、实施个人信息安全相关法规、标准设立的专门机构，负责个人信息安全法规、标准的研究、制定、解释、修改和实施；监督个人信息保护评价机构的工作；审议个人信息保护体系评价相关文件；建立争端解决机制等。

（2）个人信息保护评价机构。这是由个人信息保护工作委员会为满足个人信息保护体系评价聘请相关专业的专家、学者、专业人士和管理人员组成的评价个人信息保护体系的派出机构，负责个人信息保护体系评价资格审查、个人信息保护体系评价现场审核、编制个人信息保护体系评价报告及评价人员聘任、管理、培训、考核和投诉受理等。评价机构的常设机构和日常事务处理是个人信息保护评价办公室。

2. 评价人员管理

评价人员是个人信息保护评价机构中负责个人信息保护体系评价的专家、学者、技术人员及其他相关专业人士。由于个人信息保护体系评价是一种软评价方式，需要评价人员了解个人信息管理者的基本情况，分析、判断其与个人信息安全相关的各种复杂关系，利用自身掌握的知识、专业和经验，依据个人信息安全相关法规、标准，对个人信息管理者个人信息保护体系状况做出判断和评估。评价过程与评价人员的业务素养、个人修养、专业水平等有直接关系。因而，这些人员的管理关系到个人信息保护体系评价的质量、专业。

（1）管理制度。建立评价人员管理制度，包括评价人员的工作能力、专业水平、从业经历、评价职责、知识更新等，保证个人信息保护体系评价的权威性、独立性。

（2）业务培训。个人信息保护体系评价仅仅依靠评价人员的专业知识、经验是不够的，还应接受与个人信息安全相关的专业培训。培训内容包括：①个人信息安全的相关法规、标准；②个人信息安全的相关信息；③个人信息保护体系评价的基本要求；④个人信息保护体系评价的背景、基本概念及意义；⑤个人信息保护体系评价的工作流程；⑥实施个人信息保护体系评价的要求等。

培训应制订相应的培训计划，并不断改进和完善，以保证培训的有效性和适应性。

3. 评价过程管理

过程管理是质量管理的重要部分。个人信息保护体系评价过程管理，是保证个人信息保护体系评价质量的重要活动。

（1）管理职责。管理职责是保证评价的质量。在评价过程中，确定评价的目的和评价标准，制定切实可行的质量管理目标，明确管理机构、管理人员、评价人员的职责。

质量管理目标应根据管理和评价人员的职能分解，并包含满足评价所需的相关内容。目标的定性或定量是评价有效性的保证。

（2）评价实施。评价实施是保证评价结果具有稳定、可靠的质量。在资格审查、现场审核中，发现明显的和潜在的隐患和缺陷，确定隐患和缺陷的危害程度，分析可能形成的原因及修复可能对个人信息管理者产生的影响，提出解决方案建议。

（3）评价结束。评价结束后要做好以下工作：①评价人员根据现场审核结果形成现场审核报告；②通过资格审查、现场审核后，经相关媒体公示；③公示期间无重大投诉和质疑，形成公示说明；④公示通过后将现场审核报告提交工作委员会审批；⑤个人信息保护工作委员会审查个人信息保护体系的充分性、有效性、符合性、稳定性和可靠性，得出符合实际的审批意见；⑥评价人员根据资格审查报告、现场审核报告，形成评价报告。

（4）复审。这是指对通过个人信息保护体系评价的个人信息管理者进行复审，以监督其个人信息保护体系的运行状况和持续完善、改进工作，是保证个人信息保护体系运行的稳定性、可持续性的必要措施。复审一般在通过个人信息保护体系评价后进行：①定期检查；②有重大投诉或举报，并确认为事实；③出现重大个人信息保护事故；④其他需要重新确认的事实。

4. 过程定义

总结最佳评价实践，形成可重复操作、稳定、可靠的个人信息保护体系评价流程。

5. 过程改进

评价管理采用过程模式，通过过程管理的持续改进和完善，保证评价质量可靠、稳定的永恒目标。根据过程管理的实践，优化、修正过程管理中的缺陷和偏差，完善管理流程，提高过程管理的效率和有效性。

9.4 评价流程

个人信息保护体系判断、分析、评估的基础，是个人信息保护体系的实施。必须存在个人信息保护体系的实践，并取得一定效果后，申请个人信息保护体系评价。评价流程包括评价前的准备、资格审查、现场审核、公示审批等，个人信息保护体系评价流程如图9—1所示。

9.4.1 评价准备

申请个人信息保护体系评价，必须首先建立个人信息保护体系，在个人信息安全相关法规、标准的框架下开展保证个人信息安全的活动。个人信息保护体系包括：

（1）保护个人信息安全，领导应首先认识到个人信息安全的重要和必要，重视个人信息安全工作，并为个人信息安全工作提供各种便利条件。

（2）建立个人信息管理机构，负责保护个人信息安全工作的开展，明确机构职责和机构负责人的责任。

（3）明确个人信息安全目标，确立保护个人信息安全的原则。

（4）制定个人信息安全方针，阐明个人信息保护体系实施、运行的指导原则。

（5）根据管理和业务特征、资源、技术、环境、员工及其他相关因素确定个

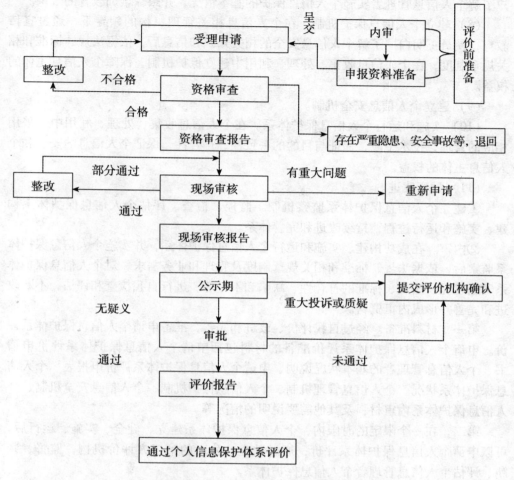

图 9—1 个人信息保护体系评价流程图

人信息保护体系覆盖范围。

（6）实施风险管理，识别风险源和安全隐患，确定个人信息保护体系的控制目标和控制方式。

（7）建立个人信息管理机制。管理机制应包括：

①制度保障。在个人信息相关管理机构的领导下，根据管理和业务特征，依据个人信息安全相关法规和标准，制定所有员工应遵循的基本规章、个人信息保护体系运行规范，为个人信息保护体系实施、运行提供可操作的规则。

②宣传教育。依据个人信息安全相关法规、标准和规章制度，制定保护个人信息安全的宣传策略和培训教育计划，针对每个员工开展个人信息安全相关知识的培训教育，使每个员工明白无误地了解个人信息安全的重要性和必要性；同时开展实施、运行个人信息保护体系的宣传，包括个人信息管理者内部的宣传、面向社会的宣传、媒介（包括网络媒介）的宣传、业务交流中的宣传等，使社会、员工、客

户了解个人信息管理者实施个人信息保护的基本情况，并跟踪培训教育的效果。

（8）建立个人信息保护机制。在个人信息相关管理机构的领导下，通过宣传教育，使员工明白、了解个人信息安全的相关知识和信息后，依据法规、标准和相关规章制度，在个人信息收集、处理、利用中建立保护机制，保障个人信息主体的权益。

（9）建立个人信息安全机制。

（10）实施和运行个人信息保护体系。在个人信息收集、处理、利用中，采用相应的管理、技术手段，保证与目的的一致性、符合性，保证个人信息的安全和个人信息主体的权益。

（11）过程改进。

①建立个人信息保护体系监察机制。监控、检查、评估个人信息保护体系构建、实施和运行过程，持续改进和完善体系。

②内审。在成功构建、实施和运行个人信息保护体系，并实施个人信息保护体系监察后，依据法规、标准和相关规章制度及管理和业务需求，对个人信息保护体系实施状况、法规、标准的符合性、缺陷和不足等，进行自我检查和评估，不断改进和完善并形成内审资料。

第一，材料准备。经过自我评价、改进和完善，准备申请个人信息保护体系评价。申请个人信息保护体系评价准备的材料包括申请个人信息保护体系评价申请书、个人信息管理者的基本状况说明、申请个人信息保护体系评价申报表、个人信息保护体系状况、个人信息管理机制、个人信息保护机制、个人信息安全机制、个人信息保护体系内审材料及其他需要说明的情况等。

第二，在一个限定的时限内，个人信息保护体系建立、健全、实施、运行后，可以申请个人信息保护体系评价，通过独立、公正的第三方评价机构，监督、判断、评估个人信息管理者个人信息保护体系。

9.4.2 评价资格审查

个人信息保护体系评价的资格审查，是个人信息保护评价机构依据个人信息安全相关法规、标准，审核申请个人信息保护体系评价的个人信息管理者的个人信息保护体系状况，确定是否具备申请个人信息保护体系评价的资格。

资格审查是实施个人信息保护体系评价流程中个人信息保护体系现场审核的基础，通过资格审查，对申请评价的个人信息管理者的个人信息保护体系状况形成基本的分析、判断和评估，并在此基础上实施现场审核。

1. 受理申请

申请个人信息保护体系评价的个人信息管理者完成个人信息保护体系内审后，申请个人信息保护体系评价。个人信息保护评价机构受理申请后，对申请评价的个人信息管理者申请个人信息保护体系评价的条件进行评估，以确认是否具备申请个人信息保护体系评价的资格。

（1）申报条件。个人信息保护评价机构确认申请个人信息保护体系评价的个人信息管理者是否具备申请个人信息保护体系评价资格。

①个人信息管理者已经按照个人信息安全相关法规、标准要求和实际需要构建了个人信息保护体系，建立了管理机制、保护机制、安全机制和过程改进机制，并已在一个确定的时限内实施、运行。

②个人信息管理者遵循个人信息安全相关标准，在实施、运行个人信息保护体系的确定时限内未发生个人信息安全重大事故。在构建、实施和运行个人信息保护体系过程中可能存在的隐患和缺陷，已得到改进和完善，达到个人信息保护体系评价要求。

③个人信息管理者根据运营目标、个人信息安全目的和意愿提出个人信息保护体系评价申请。

（2）申报资料。申请个人信息保护体系评价的个人信息管理者，根据个人信息安全相关法规、标准，向个人信息保护评价机构提交个人信息管理者构建、实施和运行个人信息保护体系的所有相关文档资料，包括申请个人信息保护体系评价申请书、个人信息管理者基本状况说明、申请个人信息保护体系评价申报表、个人信息保护体系运行状况及个人信息管理机制、保护机制、安全机制、过程改进相关文档、个人信息保护体系内审材料及其他需要说明的情况等。

（3）申报评估。个人信息保护评价机构根据个人信息安全相关法规、标准，初步评估申请个人信息保护体系评价的个人信息管理者的申请条件、提交的申报资料。

（4）评估结论。经过申报资格初步评估，个人信息保护评价机构一般提出三种资格评估结论：

①确认基本具备个人信息保护体系评价的资格、提交的申报资料完整、明确、真实、规范，同意接受申请。

②申报材料存在缺陷，需要改进、完善后，再进行资格审查。

③申报材料、申报过程存在重大隐患（如虚报、瞒报等），有重大个人信息安全事故发生、申报材料粗制滥造等，退回提出申请的个人信息管理者，重新内审，改进、改善、修正、完善后，重新申请个人信息保护体系评价。

2. 资料审查

个人信息保护评价机构根据个人信息安全相关法规、标准，审查申请个人信息保护体系评价的个人信息管理者提交的资料。

（1）审查条件。个人信息保护体系评价资料审查，应符合以下条件：

①个人信息保护体系评价资料审查是由个人信息保护评价机构专业评价人员进行。

②个人信息保护体系评价资料审查前应明确审查人员的职责和要求。

③个人信息保护体系评价资料审查应制定审查控制要求和审查记录要求。

④申请个人信息保护体系评价的个人信息管理者与审查人员无直接关系。

（2）审查内容。个人信息保护体系评价资料审查应包括以下内容：

①申请个人信息保护体系评价的个人信息管理者提交的申报资料是否真实、完整、清晰、明确。

②申请个人信息保护体系评价的个人信息管理者提交的申报资料文档是否规范，内容是否能够充分反映申请个人信息保护体系评价的个人信息管理者个人信息保护体系的实际情况。

③根据申请个人信息保护体系评价的个人信息管理者提交的申报资料，初步评估其个人信息保护体系构建、实施、运行的实际情况是否满足个人信息安全相关法规、标准的要求。

④申报资料是否需要补充、完善、改进。

（3）不合格项报告。个人信息保护评价机构的审查人员详细审查申请个人信息保护体系评价的个人信息管理者提交的申报资料后，应对申请个人信息保护体系评价的个人信息管理者构建、实施和运行个人信息保护体系的现状做出基本分析、判断和评估，对申报资料中不满足或不符合个人信息安全相关法规、标准的部分，编制不合格项报告。

（4）审查结论。审查结束后，形成内部审查结论，并及时与申请个人信息保护体系评价的个人信息管理者沟通。

审查结论一般可以分为三种：

①审查合格。可以依据资格审查结果进入现场审核。

②基本合格。申请个人信息保护体系评价的个人信息管理者根据不合格项报告进一步修改、补充、完善申报资料，符合申请个人信息保护体系评价要求后，可以进入现场审核，并在现场审核中对审查结论提出的问题给予进一步确认。

③审查不合格。申请个人信息保护体系评价的个人信息管理者提交的申报资料的内容存在重大缺陷，必须重新内审后，重新提交申请。

（5）形成申请个人信息保护体系评价资格审查报告。

9.4.3　现场审核

现场审核是申请个人信息保护体系评价机构根据资格审查结果，派出由专家、学者、技术人员及其他相关人员组成的个人信息保护体系评价现场审核组（简称评价组），对申请个人信息保护体系评价的个人信息管理者构建、实施和运行个人信息保护体系进行实地考察，判断、评估其个人信息保护申报资料的真实性、一致性，以及个人信息安全相关法规、标准实施的符合性。通过现场审核，保证个人信息保护体系的质量和有效性、充分性。

9.4.3.1　审核管理

实施个人信息保护体系现场审核管理，是评价组根据评价管理的流程和过程模式，分析、判断、评估个人信息保护体系现状的必要活动。现场审核管理主要包括：

（1）评价组。评价组由个人信息保护评价机构受理个人信息管理者的个人信息保护体系评价申请，并通过资格审查后组建，准备进入个人信息管理者的经营活动现场工作。

（2）评价组组长职责。评价组组长是由个人信息保护评价机构根据现场审核要求指定的。组长的职责包括：

①全面负责评价组的工作。

②全权负责个人信息保护体系评价各阶段的工作。

③根据个人信息安全相关法规和标准、个人信息管理者的实际和个人信息保护体系现场审核的需要，合理确定评价目的、范围、要求、依据。

④根据现场审核要求、评价人员的专长及特点等，划分评价人员工作范围，明确职责。

⑤主持制订个人信息保护现场审核计划，编制现场审核大纲，并组织实施。

⑥质量管控。

⑦代表评价组与申请个人信息保护体系评价的个人信息管理者沟通。

⑧对审核工作的开展和审核评估结果做出决定。

⑨个人信息保护现场审核后，根据审核结论，提交现场审核报告。

⑩履行评价人员的职责。

（3）评价人员的职责。评价人员是个人信息保护评价机构根据现场审核的技术、管理等专业要求选聘的。评价人员的职责包括：

①工作严谨、实事求是，独立、公平、公正地履行职责。

②高质、高效、规范、科学地完成分工范围内的现场审核任务。

③与分工范围内的个人信息管理者相关人员交流、沟通。

④对分工范围内的个人信息保护体系情况做出判断和评估。

⑤与评价组内其他评价人员交流、沟通。

⑥完成组长交付的其他任务。

（4）现场审核过程。对现场审核过程实施管理，主要是对以下审核工作实施全面质量管理：

①根据个人信息保护相关法规、标准要求，制定并遵守相应的评价和现场审核要求。

②向申请个人信息保护体系评价的个人信息管理者阐明评价和现场审核要求。

③根据申报资料和资格审查结论，调查、分析、判断、评估，确认申报资料的真实性、一致性。

④对申请个人信息保护体系评价的个人信息管理者的个人信息保护体系情况与个人信息保护相关法规、标准及评价和现场审核要求的符合性做出判断。

⑤发现存在的缺陷、隐患，提出整改意见。

⑥个人信息保护体系现场审核结束后报告审核结果。

⑦验证所采取的现场审核措施的有效性。

⑧收存和保护与现场审核有关的资料，并按要求提交，以确保资料的机密性。

⑨谨慎处理敏感信息。

⑩形成个人信息保护体系现场审核意见。

9.4.3.2 现场审核流程

流程管理是以流程为核心，以持续改进和提高评价绩效为目标的规范化、科学化、专业化管理方法。现场审核是基于确定的流程进行的评价管理，以保证个人信息保护体系现场审核的公平性、独立性和权威性。现场审核的流程包括：

（1）个人信息保护评价机构受理个人信息保护体系评价申请，并通过资格审查后，组建个人信息保护体系评价现场审核组。

（2）个人信息保护现场审核组组长编制现场审核计划和审核大纲。计划包括评价目的和范围、评价组组成、评价人员分工、职责和义务、现场审核内容和方法、现场审核结论的提交、现场审核报告的编制等；现场审核大纲是指导现场审核的评价指标。

（3）个人信息保护体系现场审核实施。

①个人信息保护体系现场审核过程中，准备、沟通、交流、说明等，需要根据审核需要召开相应的会议：

第一，准备会议。这是个人信息保护体系现场审核前召开的评价组全体会议。会议内容主要包括：

- 明确个人信息保护体系评价的目的、任务。
- 沟通、了解、熟悉申请个人信息保护体系评价的个人信息管理者的基本情况和业务范围。
- 部署现场审核计划、时间、阶段和进度，以及评价员的分工范围。
- 现场审核的质量保证。
- 评价人员的专业知识培训与讲解等。

第二，现场审核工作会议。这是进入个人信息管理者现场后召开的、个人信息保护体系相关人员和评价组全体成员参加的全体会议。会议内容主要包括：

- 根据个人信息安全相关法规、标准，说明个人信息保护体系评价的目的、范围、方法和依据。
- 说明申请个人信息保护体系评价的要求。
- 说明个人信息保护体系原始评价资料收集要求。
- 说明个人信息保护体系评价现场审核抽样数据采用要求。
- 说明个人信息保护体系评价现场审核计划、时间、阶段和进度，以及评价组分工。
- 说明现场审核结果的提交方法及现场审核结论说明。
- 确认评价组所需要的资源和设施是否齐备。
- 澄清现场审核计划中不明确的内容。
- 向申请个人信息保护体系评价的个人信息管理者做出保密承诺。

进入现场后召开的工作会议，是必不可少的重要会议，是评价人员形成对个人信息管理者的初步的、整体的基本认识，与个人信息保护体系相关人员建立信任、合作的基础。

第三，现场审核例会。这是为解决个人信息保护体系评价现场审核过程中可能出现的无法确认、含糊不清的问题，或现场审核过程中可能需要通报、沟通、研究、讨论的情况召开的评价组工作会议。会议由评价组组长适时召集、主持，评价组全体成员参加，并做出一致、统一的结论。

第四，现场审核结束会议。个人信息保护体系评价现场审核结束前召开的、个人信息保护体系相关人员和评价组全体成员参加的全体会议。会议内容主要包括：

- 根据个人信息保护相关法规、标准，重申个人信息保护体系评价的目的、范围、方法和依据。
- 重申对申请个人信息保护体系评价的个人信息管理者的保密承诺。
- 提出现场审核过程中发现的所有问题，并做出解释。
- 澄清和确认评价组提出的问题。
- 确定个人信息保护体系构建、实施和运行状况与个人信息安全相关法规、标准及个人信息保护体系评价要求的整体符合性、一致性和目的有效性的审核意见。
- 对现场审核过程中抽样检查的局限性做出说明。
- 宣布个人信息保护体系评价现场审核的结论，并确认个人信息管理体系是否需要全部或部分重审。
- 对现场审核过程中存在的问题，提出修正、完善、改进的要求和建议。
- 向个人信息管理者说明审核结论不满意的申诉过程。
- 向个人信息管理者说明事后监督要求。

②现场审核。评价人员根据专业、特点和分工，规范、科学、专业、客观地分析、判断、评估分工范围内的个人信息保护体系的相应活动，实事求是地做出符合实际的审核意见。评价人员在现场审核过程中绝不能掺杂个人情感，根据个人喜好做出背离事实的评判。

③沟通和交流。在现场审核过程中，建立与用户的沟通、交流机制，消除与用户的隔阂，了解用户的观点，清晰、明确、具有说服力地阐明分析、判断和评估的观点。

④审核意见。经过规范、科学、专业、客观地评价，综合各位评价人员的审核意见，形成现场审核意见。现场审核意见客观、真实地反映申请个人信息保护体系评价的个人信息管理者的个人信息保护体系现状，提出改进和完善的措施和建议。

⑤改进和完善。现场审核结束后，按照过程管理的模式，改进、完善现场审核过程中的缺陷和偏差，提高现场审核的规范性、科学性和有效性。

9.4.3.3　现场审核调查

个人信息保护体系评价现场审核的调查活动，是在审查申报资料的基础上客观、完整、准确、实事求是地了解、判断、分析、评估申请个人信息保护体系评价的个人信息管理者的真实情况。

1. 调查方法

个人信息保护体系评价现场审核的调查活动，是获取个人信息保护体系原始数据的一种手段。在现场调查中，既采用根据个人信息安全相关法规、标准和资格审查情况事先设计的审核大纲（问卷）形式，也可以根据现场情况随机提出问题。现场调查可以采用许多方法，主要包括：

（1）面谈

评价人员根据现场审核准备会议确定的审核目标、审核内容、资格审查中的疑问等，分别访问分工对应的个人信息保护体系相关人员，依据个人信息保护相关法规、标准和相关专业知识，了解申报资料中所申报各项和个人信息保护体系实际的一致性、符合性和正确性，以及个人信息保护体系的现状与法规、标准的一致性、符合性，澄清和确认不清楚、存疑、不符合各项，随时提出问题，为分析、判断、评估个人信息保护体系现状提供依据。

面谈前，评价人员应熟悉个人信息管理者的现状，根据其运营状况、申请个人信息保护体系评价申报资料，设计面谈样本的大纲和内容。面谈中，根据面谈大纲，与样本人员融洽地、不拘形式地随意交谈，引导样本人员真实、客观地说明个人信息保护体系相关问题。面谈结束后请样本人员确认面谈内容。

面谈可以集体面谈或个人面谈。集体面谈是与个人信息保护体系各个相关负责的管理人员集体访谈，了解个人信息保护体系中比较重大的、典型的、具有比较普遍的指导意义的情况。通过分析、整理和判断，切实了解个人信息保护体系的一般情况。

评价人员在面谈中应避免先入为主，或带有偏见，影响分析和判断结果，还应避免样本人员出于自身利益考虑不合作或忽视事实的情况。评价人员应和样本人员建立相互信任的关系。

面谈方法应该与其他调查方法结合使用。

（2）检查文件和记录

文件和记录是个人信息管理者保存、传递相关个人信息的主要方式，通过检查文件和记录，可以快速了解个人信息保护体系的现状和可能存在的、潜在的隐患，弥补资格审查中不完善部分。

在文件和记录检查中，依据个人信息安全相关法规、标准和个人信息保护体系评价申报资料，核查个人信息保护体系构建、实施和运行的各项记录和相关文档，包括管理机制（规章制度、机构设置和分工、宣传教育记录、客户服务等）、保护机制（个人信息收集、处理等）、安全机制（安全管理、安全技术等）、过程改进（监察、内审、持续改进和完善等），收集审核证据，发现个人信息保护体系的缺陷和不足。

（3）随意抽查个人信息管理者的管理和业务

依据个人信息安全相关法规、标准，根据面谈和文件检查结果，评价人员通过分析和判断，确定在个人信息管理者的管理和业务中检查个人信息安全状况的抽查样本，检查经营活动中涉及个人信息的管理和业务的安全管理情况，推断个人信息保护体系中可能存在的缺陷和问题。

抽查过程，一般应该考虑以下几种情况：

①抽查样本。了解个人信息管理者的基本状况和环境、个人信息保护体系评价资格审查等相关情况，根据面谈、文件检查等现场了解的个人信息保护体系状况，经过认真研究，确定抽查样本。抽查样本的选择，直接影响个人信息保护体系评价质量。选择抽查样本，一般考虑以下几点：

第一，与个人信息密切相关的业务流程。这类流程存在潜在的个人信息安全风险，应选择典型的、个人信息管理者关注的重点业务流程作为抽查样本，这些重点业务流程，基本可以反映个人信息保护体系的特点。

与个人信息密切相关的管理活动，也应采取类似的方法确定抽查样本。

第二，易于忽视或较为薄弱的环节。在现场调查中，应注意观察易于忽视的或存在缺陷的薄弱环节。这些环节在个人信息保护体系中往往可能是被利用的漏洞，应是个人信息保护体系评价现场审核关注的重点。

第三，易于发生个人信息安全风险的环节。在个人信息管理者经营活动中，具有高风险的个人信息相关处理、使用环节，也应是个人信息保护体系评价现场审核关注的重点。

第四，疑似或异常现象。在个人信息保护体系评价现场审核过程中出现的疑问或异常现象，应作为重点抽查样本检查，以便排除或确认。

②抽查范围。根据个人信息安全相关法规和标准、现场审核计划和个人信息管理者实际，确定现场抽查的时间范围、样本选择范围、样本检查范围等。抽查范围应根据个人信息保护体系的现状进行调整。

③抽查数量。确定个人信息保护体系各个环节的抽查对象、抽查范围后，还应确定抽查数量。抽查数量应保证抽查样本可以反映个人信息保护体系的总体特征和相对准确，提高评价效率。确定抽查数量，一般考虑以下几点：

第一，个人信息管理者的规模。抽查数量可以根据个人信息管理者的规模确定。其规模较大，抽查样本可以相对选取多一些；反之，则可以相对选取少一些。

第二，个人信息保护体系实施、运行情况。个人信息管理者重视个人信息安全工作，个人信息保护体系扎实、稳定、有效，抽查样本则可以选取少一些，反之，则需要多选取一些抽查样本。

第三，划分层次。可在抽查范围内，将抽查对象划分为几个层次。对重点层次，应适当多选取一些抽查样本。

第四，缺陷情况。在现场审核过程中，如果发现个人信息保护体系缺陷和不足较多，则应适当扩大抽查的样本数量。

④抽查结论。抽查结论是评价人员根据抽查样本进行判断的结果。判断是评价人员抽查的主要特点。因此，抽查过程和抽查结论都应避免主观臆断和感情色彩。一般抽查结论应考虑以下几点：

第一，抽查过程中不能确定的问题，不能轻易做出抽查结论。

第二，抽查过程中发现的缺陷、漏洞，应掌握充分的证据。

第三，抽查结论不能绝对化，应根据个人信息安全相关法规、标准，做出不同程度的抽查结论。

第四，与个人信息管理者的有关客户接触，以了解个人信息保护体系情况等，了解宣传个人信息安全情况、客户对个人信息保护体系现状的认可度等。

第五，与个人信息管理者的员工座谈，了解个人信息安全培训教育状况和员工的认知度等。

第六，根据以上调查，确定个人信息保护体系过程改进是否有效、充分。如上述调查中存在严重缺陷，则过程改进是不充分的、缺少效率的，个人信息保护体系需要重新改进和内审。

2. 调查质量

个人信息保护体系评价现场审核的调查过程，是综合采用多种调查方法，对个人信息管理者构建、实施和运行个人信息保护体系的现状与个人信息安全相关法规、标准的真实性、符合性、一致性，做出客观、公正的判断。在现场审核的调查过程中实施质量控制，避免和减少调查的偏差，使调查结论能够反映个人信息保护体系的真实状况，是决定个人信息保护体系评价的有效性和可靠性的重要手段。

现场调查质量控制措施，主要包括：

（1）调查目的和要求。依据个人信息安全相关法规、标准和个人信息保护体系评价现场审核计划，在资格审查的基础上，确定现场调查的目的和要求，明确调查的内容。

（2）确定现场调查的任务、内容和问题，设计现场调查的方案。

（3）选择恰当的或组合的调查方法，依据现场调查方案，制定所选择调查方法的调查大纲和内容。

（4）保证调查表设计的质量控制。

①符合个人信息安全相关法规、标准，切合个人信息管理者的实际。

②调查问题简单明了，易于理解。

③调查问题尽可能选择固定答案。

④说明性答案尽可能简洁，能够反映问题的本质。

（5）调查分析。在个人信息保护体系评价现场审核过程中，根据现场调查的目的、要求和任务，采用科学的方法，对个人信息保护体系的各个方面调查所得信息，进行定性、定量的分析，说明个人信息保护体系的现状，发现缺陷、隐患、漏洞和不足，预测可能的影响，提出建设性建议。

（6）问题处理。在现场调查中，可能出现各种与个人信息安全相关法规、标准不相符的问题，这些问题的处理，直接影响个人信息保护体系评价的质量。问题的处理方法，主要包括：

①适时召开工作例会，及时分析、研究、讨论不明确的、无法确认的或含糊不

清的问题，以便发现潜在问题和严重问题。

问题的处理，在于找到出现问题的原因和根源。引发问题的原因很多，包括经营环境、管理行为、员工行为、业务流程等。通过召开会议，科学分析问题发生的根本性原因，提出解决问题的建议，避免可能的同样问题的重复发生。

②再次检查核对个人信息管理者不能确认的证据。

③验证资格审查中提出的问题。

（7）沟通与交流。个人信息保护体系评价现场审核的调查过程和审核过程中，评价人员应与个人信息管理者的部门负责人、员工、其他相关人员充分沟通和交流，以达到客观、真实、有效的评价目的，保证评价的质量。

在现场审核调查过程的各个环节，可能因各种原因出现偏差。这些偏差包括：

（1）整体偏差。这是指在现场调查的各个环节都可能出现的偏差，如评价人员在面谈时的提问、个人信息保护体系相关人员的心理状态、调查表的设计质量、调查表中说明性答案、调查分析中的主观因素、沟通交流不充分等。

（2）随机偏差。随机偏差在抽样调查中，可能因样本的选择产生，也可能因调查、调查表填写、调查分析等过程中的过失产生。

在实际调查中，应注意偏差控制，尽可能避免或减少偏差。如评价人员评价前培训，除相关知识、技术，还应加强个人修养的养成；调查表设计和填写的质量控制；调查应审慎、细致、耐心等。

9.4.3.4　现场审核结果

个人信息保护体系评价现场审核调查过程结束后，评价组整理、分析、判断、评估调查中积累的所有的信息，清楚、明确地论述个人信息保护体系中尚存在的问题，提出客观、公正的审核意见。

1. 问题分类。个人信息保护体系评价现场审核调查中发现的问题，可以分为两类：

（1）严重问题。申请个人信息保护体系评价的个人信息管理者在个人信息保护体系构建、实施和运行中存在下列情况，可以视为严重问题：

①个人信息保护体系的实际情况与申报资料陈述情况严重不符（隐瞒事实、虚报、瞒报等）；

②个人信息保护体系存在严重的个人信息安全隐患（或经改进后仍不符合个人信息安全相关法规、标准，不能满足个人信息安全要求）；

③申请个人信息保护体系评价的个人信息管理者出现严重的个人信息安全事故。

（2）一般问题。个人信息保护体系构建、实施和运行中存在下列情况，可以视为一般问题：

①未充分理解个人信息安全相关法规、标准的条文及相关评价要求而出现的申报资料不规范、内容不完整等情况；

②虽存在一般性的个人信息安全隐患，但经改进可以在短时间内达到个人信息

安全要求；

③不影响个人信息保护体系评价的其他非实质性问题。

在工作例会上，通过分析、研究，明确问题存在的根本原因，确定问题的性质和分类，提出建设性的改进措施和解决方案。

2. 审核结论。个人信息保护体系评价现场审核结束后，评价组应提出公正、客观、正确的审核意见，肯定已经取得的成效，明确尚存在的问题和缺陷，得出符合事实的审核结论。审核结论可以分为两种：

（1）通过现场审核。个人信息保护体系构建、实施和运行是基本成功的，符合个人信息安全相关法规、标准，满足个人信息保护体系评价要求；或仅存在少量一般性问题，经过简单修正、改进，即可基本符合相关法规、标准和评价要求。

（2）不能通过现场审核。存在两种情况，不能通过个人信息保护体系现场审核。

①经过整改后可以通过。存在短期内可修改和纠正的非本质问题，必须进一步改进和完善后，再次申请现场审核。如果整改后，满足个人信息安全相关法规、标准和个人信息保护体系评价要求，存在的非本质问题已经纠正，可以通过个人信息保护体系评价现场审核。

②重新申请评价。存在严重问题，完全不能满足个人信息安全相关法规、标准和个人信息保护体系评价要求；或短期内可纠正的非本质问题，整改后仍然不能达到要求，则需要修正、改进和完善，达到评价要求后，可以重新申请评价。

个人信息保护体系评价现场审核评价组根据资格审查报告、现场审核结论、整改报告，形成现场审核报告，报个人信息保护体系评价机构。

9.4.4 公示和审批

公示是一种关系当事人权益的公告形式，以满足相关关系人所需了解的信息。在个人信息保护评价体系中，公示是保障个人信息主体权益的形式，它将个人信息保护体系评价过程中，评价组的相关信息、评价组职责、评价组成员、评价流程、评价标准、评价结果、评价承诺等主要的相关信息公之于众，接受社会和公众的监督和质询，以保证个人信息保护体系评价的质量。

公示是个人信息保护评价机构根据评价组提交的现场审核报告，对通过个人信息保护体系评价现场审核的个人信息管理者的个人信息保护体系评价状况，在相关媒体发布。公示期间可能出现以下情况：

（1）在公示期内，对申请个人信息保护体系评价的个人信息管理者的个人信息保护体系现场审核结论，没有出现重大投诉或质疑，可以正式通过个人信息保护体系评价现场审核。

（2）在公示期内，如出现重大投诉或质疑，经证明属实，则取消申请个人信息保护体系评价的个人信息管理者的评价资格，在修正、改进、完善后重新申请评价。

公示期间出现的重大投诉或质疑，由个人信息保护评价机构组织专门人员确认。

经公示，未出现对通过个人信息保护体系评价现场审核的个人信息管理者的重大投诉或质疑，形成公示说明。

评价组向个人信息保护工作委员会提交现场审核报告、公示情况说明，请委员会审批，签署审批意见。

个人信息保护体系评价现场审核报告审批，主要包括：

①评价是否符合个人信息安全相关法规、标准；

②评价依据是否充分、有效；

③评价方法是否适当、合理；

④现场审核中信息收集是否齐全、审核方法是否适当；

⑤现场审核结论是否正确；

⑥评价意见是否适宜；

⑦文字描述是否准确等。

如果审批未获通过，需要提交个人信息保护评价机构，确认审批未通过的原因和问题。

现场审核报告审批通过，个人信息保护工作委员会签署审批意见后，评价组形成本次个人信息保护体系评价报告。

评价报告是评价组组长根据资格审查报告、现场审核报告、公示情况说明和审批意见编制的。评价报告对申报资料和个人信息保护体系与个人信息安全相关法规、标准及现场调查的符合性、一致性和目的有效性做出说明；清楚、明确地论述存在问题的整改情况、评价意见的认定及本次个人信息保护体系评价的综述等。

申请个人信息保护体系评价的个人信息管理者，通过个人信息保护体系评价后，可以获得个人信息保护体系评价相应标志，并明显标示在相关宣传资料上（如网站等），表明个人信息管理者已通过个人信息保护体系评价，可以安全开展与个人信息相关的业务。

9.4.5　资格管理

个人信息保护评价机构对具有个人信息保护体系评价资格，并通过个人信息保护体系评价审批的个人信息管理者负有监督、管理的权利。

个人信息保护体系评价不是形式的，它要求通过个人信息保护体系评价的个人信息管理者，继续履行个人信息管理者的职责和义务，根据 PDCA 模式，持续改进、完善个人信息保护体系。

为避免个人信息保护体系评价流于形式，个人信息保护评价机构将定期复查和复审通过个人信息保护体系评价的个人信息管理者的资格，加强审计、监督和管理，履行个人信息安全承诺，追究违约者的责任，以保证个人信息保护体系的持续性和实效性。

（1）复查。个人信息保护评价机构定期抽查具有个人信息保护体系评价资格，通过个人信息保护体系评价的个人信息管理者的个人信息保护体系运行状况，可能存在两种情况：

①不合格。抽查发现，个人信息管理者在通过个人信息保护体系评价后，没有持续完善、改进个人信息保护体系，不能满足个人信息安全相关法规、标准和个人信息保护体系评价的要求，限期整改，并监督执行。

②整改后不合格。具有个人信息保护体系评价资格并通过个人信息保护体系评价的个人信息管理者，经复查不能满足个人信息安全相关法规、标准和个人信息保护体系评价要求，限期整改后，仍然不能满足，将停止个人信息管理者的个人信息保护体系评价资格，收回相应的评价标志。

（2）复审。个人信息管理者通过个人信息保护体系评价后，个人信息保护评价机构可以应个人信息管理者的要求，或根据个人信息保护体系评价要求，对个人信息保护体系进行复审，可能存在三种情况：

①个人信息管理者更名、法人变更、业务变化、办公场所更换时；

②个人信息管理者在经营活动中出现个人信息安全重大事故；

③个人信息管理者通过个人信息保护体系评价后，客户或消费者投诉、质疑其在个人信息安全中的重大失误、缺陷，经确认为事实。

②、③情况或类似的情况在复审中确认，则停止个人信息管理者的个人信息保护体系评价资格，收回个人信息保护体系评价相应标志。

①种情况，则需要重新进行现场审核。

第10章　个人信息安全实践

本章以一个虚拟企业构建、实施、运行个人信息保护体系为例，剖析个人信息安全实践的真谛。

然而，企业规模、组织架构、业务流程、经营状况、环境因素等是千差万别的，个人信息保护体系构建也不可能千篇一律。本章示例是典型的，是实施个人信息保护企业的个案，并不具有普遍意义。

10.1　企业模型

假定存在这样的企业 INSEXP：

（1）企业基本情况

INSEXP 成立于 19××年，注册资金 500 万元人民币，企业员工 300 人，派遣员工 10 人。企业临时雇用勤杂工 1 人、保安 2 人。

企业主要业务是软件外包和信息服务，包括直接从国外接受业务（离岸外包）、委托业务（境内外包）等。业务范围包括银行、信用卡、保险、医疗服务等的数据处理。

（2）企业的组织结构

INSEXP 采用总经理负责制，组织和领导企业的经营、行政管理，拥有经营自主权、业务工作指挥权、人事任免权、奖惩权等。

INSEXP 下设部门：

①管理部：负责企业日常事务处理；

②人力资源部：负责员工招聘、聘用、培养、绩效、激励等管理；

③财务部：负责企业相关财务事项；

④QC 部：负责企业质量管理。

（3）企业的业务管理

INSEXP 业务范围繁杂，但客户较固定，主要分布在几个行业，因而，其业务管理采取按行业项目管理机制：

①银行业务项目组：负责银行业务数据处理；

②信用卡业务项目组：负责信用卡业务数据处理；

③保险业务项目组：负责保险业务数据处理；

④行业应用项目组：负责医疗服务等行业应用业务数据处理。

（4）企业获得的资质

INSEXP 为规范、科学、安全管理，保障服务质量、项目进度和成本可控，已通过多项认证，获得相应资质：

①ISO/IEC 9001 质量管理体系认证；

②ISO/IEC 27001 信息安全管理体系认证；

③ISO/IEC 20000 ITSM 认证；

④CMMI（软件能力成熟度模型）认证等。

（5）企业运营的基本环境

INSEXP 拥有独立的 4 层大厦，工作场地分布：

①4F：总经理室、人力资源部、财务部；

②3F：银行业务项目组、信用卡业务项目组；

③2F：保险业务项目组、行业应用项目组；

④1F：管理部、QC 部。

一楼入口设有服务台和保安，负责监控进、出人员，接待来访客人。

（6）企业安保

进入企业、进入各个工作场地，需经过门禁系统检验、确认，各项目组、组内员工依据工作需要设置相应的门禁权限。门禁管理由管理部负责。

企业内各关键部位设有监控系统。监控管理由保安室负责。

（7）企业数据基础设施

INSEXP 构建了较为完善的网络基础设施：

①安全、可靠的网络设备、网络安全设备、接入设备等；

②根据业务需要建设的服务器系统；

③根据管理需要建设的服务器系统；

④内部局域网络和专有网络；

⑤多线路远程接入等。

管理部负责数据基础设施的管理、运行和维护。

10.2　个人信息安全需求

INSEXP 的数据处理业务，大量来自日本，并逐渐向美欧拓展。日本开展 P-MARK 认证并发布实施《个人信息保护法》产生了深刻影响，当企业业务向美欧拓展时，感受到国际个人信息安全的巨大压力。

INSEXP 与个人信息安全相关的主要业务，包括银行业务、信用卡业务、保险业务，并与国内医疗服务等行业有广泛的业务联系。这些业务包含大量的个人信息，如姓名、住址、电话、银行账户、信用卡号、保单数据等，如果不采取相应的安全措施，可能产生的损害将直接影响个人信息主体权益。

在这些业务处理中，大量员工涉入，其中不乏企业、项目管理者，掌握着大量关键数据，极有可能成为觊觎这些数据的猎食者的美食。这些关键数据，可能包含着个人数据、商业数据等。同时，员工信息对稳定企业员工队伍，提高企业竞争力有着重要意义，同样需要采取相应的安全管理措施。

为应对日益严峻的信息安全形势，INSEXP 高层决定实施 ISO/IEC 27001 安全认证，尝试通过信息安全管理体系认证，保证重要信息的安全。同时，在企业内开展信息安全教育，培养员工的信息安全意识。

然而，个人信息的特质，对个人信息安全提出了独特的要求。P－MARK 认证表示了日本在外包业务中保护个人信息的决心，已经影响到企业业务的发展，企业自行制定的保护个人信息安全的措施，并不为发包方认可。

因此，INSEXP 高层决定遵循《个人信息保护规范》，构建个人信息保护体系，实施个人信息保护体系评价。根据规范对个人信息保护体系的要求，建设包括管理机制、保护机制、安全机制、过程改进在内的多种功能的个人信息保护体系。

10.3 个人信息管理机制

13.3.1 个人信息安全目标

目标是行动的方向。因而，INSEXP 首先根据企业的发展战略、经营目标、业务规划、企业服务能力、企业员工能力、企业服务资源等各项因素，明确、确认个人信息安全的目标。

13.3.2 最高管理者

企业的最高管理者负有决策权、指挥权和控制资源的权利。因而，最高管理者的意识和支持，是实现个人信息安全的关键因素。INSEXP 总经理根据企业的发展、竞争和生存，强烈支持构建个人信息保护体系，实施个人信息保护体系评价，并身体力行亲自参与。

13.3.3 个人信息安全方针

方针是指导体系日常运行的纲领，简单易行，便于实施和操作。因而，构建个人信息保护体系，必须首先制定个人信息安全方针，确定企业管理者、体系管理者、全体员工及其他相关人员的行动纲领。INSEXP 制定了适合企业实际的个人信息安全方针，并在企业多个显著位置和企业网站张贴。

13.3.4 管理机构

为保证个人信息保护体系的正常运行，约束个人信息管理行为，需要建立相应的个人信息管理机构，赋予相应的职能、所需资源和一定的职权。

INSEXP 总经理任命一名副总经理，全面负责个人信息管理机构的工作、个人信息保护体系的构建、实施和运行。

为实现个人信息安全，保证个人信息保护体系的运行，管理机构负责人（副总经理）受总经理委托，组织、协调企业资源，无阻碍地开展各项个人信息安全相关活动。

管理机构工作人员必须明确职责，清晰理解并实践所负责的个人信息安全相关活动，保证所负责的个人信息安全相关活动的质量和效果。

管理机构负责人（副总经理）组建了包括宣传教育、安全管理和服务支持等功能的管理机构，其职能如规范所限定的。

INSEXP 总经理签发任命书，委任企业各个部门、各个项目组主要负责人为相应部门的个人信息安全管理负责人。

13.3.5 过程改进

过程改进是支撑个人信息保护体系持续发展的关键。在个人信息保护体系构建、实施和运行中，需要跟踪、监控体系的设计、构成、职能、过程和行为、活动，因而，必须建立独立的过程改进机构。

过程改进机构工作人员必须明确职责和责任，清晰理解过程改进的重要意义和必要性，保证个人信息保护体系的质量和效果。

INSEXP 建立了包括监察机制和内审机制的过程改进机构，指定 QC 部负责监督、检查个人信息保护体系的过程和审计个人信息保护体系运行状况，明确其职责和职能并独立执行，对总经理和企业负责。

13.3.6 宣传

宣传企业个人信息保护体系，是提升企业竞争力，树立企业形象和信誉的有效措施。

INSEXP 在企业内部，面向全体员工宣传个人信息安全的必要性、个人信息主体的权益、个人信息管理措施、个人信息安全方针、个人信息安全法规规范等，提高全体员工关于个人信息安全重要性的认识。

INSEXP 在业务往来中，向客户及相关各方宣传企业个人信息保护体系、个人信息安全管理、个人信息安全保障等，使之理解并建立相应的信任。

INSEXP 在企业宣传材料、网站等企业相关外部环境，宣传企业个人信息保护体系、个人信息安全相关事宜，树立企业形象，提高企业信誉。

13.3.7 培训教育

INSEXP 在面向全体员工宣传的同时，开展个人信息保护培训教育：

（1）在职全体员工：专门安排时间，分期、分批培训，组织考试；

（2）外派员工：通过电子邮件方式组织学习，必须通过考试；

（3）临时员工：与在职员工同样培训，并特别强调其责任和义务；

（4）新员工：在进行新员工教育的同时，增加个人信息安全的相关培训；

（5）企业各级管理者：除个人信息安全相关知识培训外，特别强调职责、责任、义务；

（6）个人信息管理机构、过程改进机构工作人员：特别强调其责任和职能、职责；

（7）个人信息管理相关负责人：特别强调其职责、能力、责任。

个人信息管理机构专门编写了培训教材和考试大纲，并严格培训监督、检查和签到管理。培训教材完全遵循《个人信息保护规范》的要求，并结合企业实际展开。

个人信息管理机构制订了个人信息安全相关的培训计划，分年度执行。计划规定了每年度培训时间、内容、方式方法、对象、执行措施等。

13.3.8　规章制度

个人信息管理机构根据规范要求和企业的实际，制定了一系列与个人信息安全相关的规章制度，并根据各个部门、项目组的实际情况，制定了相应的实施细则。

INSEXP 总经理非常重视规章制度的有效性，责成个人信息管理机构强制推行，并切实检查实施效果。

13.3.9　文档管理

INSEXP 在管理、业务和经营过程中积累了大量个人信息，包括员工、客户和业务信息，构成了个人信息数据库。这些个人信息既有以电子形式存储的，也包含大量纸质文档，如何并以何种方式、方法管理，关系个人信息主体的切身利益。

个人信息管理机构在相应的规章制度中，详细规定了个人信息数据库的管理、时限、过程、使用、销毁、责任人等的约束条件。

同时，在个人信息保护体系构建、实施和运行中，也会生成许多文档，也必须采取相应的管理措施。

本节所述部分规章示例，请参考附录 2。

10.4　风险管理与保护机制

个人信息安全风险管理与个人信息的保护机制是紧密相连的，因而，评估企业可能存在的威胁个人信息安全的风险因素，相应地就明确了个人信息的保护机制。

INSEXP 在 ISO/IEC 27001 认证过程中，已经识别了各类信息资源，形成了风险评估表。然而，风险评估是围绕信息资源展开的，并不能反映个人信息安全的状况，必须针对个人信息的来源、处理、使用、销毁、保存等实施个人信息安全风险评估，并采取相应的保护措施。

10.4.1　管理风险与保护

INSEXP 在行政管理中，存在诸多与个人信息安全相关的风险，主要体现在人力资源部、管理部中员工管理、招聘信息、部门管理、门禁发放、信息提供等，形成的管理风险评估如表 10—1 所示。

管理风险评估的流程是：

（1）梳理与个人信息相关的管理流程，如人力资源部涉及员工信息，其流程应是招聘—应聘—筛选—录用—管理；

（2）按照管理流程识别各个阶段的风险源，如人力资源部，逐步识别从招聘至录用及录用后的管理的各个阶段产生所有风险的来源；

（3）针对不同的风险源，分别简略、清晰地描述；

（4）描述不同风险源的管理措施；

（5）制定相应的应急处理措施；

（6）形成管理风险评估表。

表 10—1 　　　　　　　　　　　　　管理风险评估

名称	内容	部门	风险来源	风险描述	管理措施	应对策略	规章
员工信息	人事档案	人力资源	使用、提供、保管、销毁	查阅、调用时向第三方提供时保管方式、方法销毁方式、方法责任人职责 ……	明确责任人职责提供必需的安全承诺个人信息主体同意、确认电子形式存放的安全措施纸质文档的安全措施销毁措施 ……	如风险发生：确认风险发生原因、性质确认责任者依据规章处罚并尽可能降低影响和补救上报相关主管机构	……
	招聘信息	……	……	……	……	……	
管理信息 ……	门禁卡发放	……	……	……	……	……	

10.4.2 业务风险与保护

INSEXP 的业务大量涉及个人信息，各个项目组的管理方式也不尽相同。个人信息管理机构与各个项目组负责人共同制定了不同的安全模式。

（1）银行业务项目组

该业务项目的模型：

①控制权在客户方；

②项目存储在客户方服务器；

③客户根据需要为项目组成员赋权；

④项目组与客户方通过客户指定的网络专线连接；

⑤项目组成员根据不同的权限从客户方服务器接收项目，并按客户要求处理；

⑥项目处理后，直接上传至客户方服务器（本地终端不存储）；

⑦客户为项目组制定了严格的安全措施。

因而，银行业务项目组是相对安全的，个人信息安全风险可以转嫁至客户方。

（2）信用卡业务项目组

该业务项目的模型：

①控制权在客户方；

②项目存储在客户方服务器；

③客户根据需要为项目组成员赋权；

④项目组与客户方通过客户指定的网络专线连接；

⑤项目组成员根据不同的权限从客户方服务器接收项目，并按客户要求处理；

⑥项目处理后，保存在本地服务器；

⑦项目处理完成后，上传至客户方服务器；

⑧客户为项目组制定了严格的安全措施。

信用卡业务项目组针对项目处理过程中保存在本地服务器的特点，评估了本地服务器的安全、项目组成员的访问和存储权限、项目组成员的行为、项目完成后服务器的处理等可能产生的风险，制定了严格的管理细则，采取了相应的技术措施。

（3）保险业务项目组

该业务项目模型：

①与客户方签订委托处理协议；

②通过 VPN 专线将客户方项目下载到本地服务器；

③项目组成员将各自负责的项目模块下载到本地终端处理；

④项目结束后，成果通过 VPN 专线上传至客户方；

⑤客户在协议中对个人信息安全提出了严格要求。

保险业务项目组针对客户方项目下载到本地服务器的特点，评估了项目可能的风险、应采取的管理措施，如表 10—2 所示。

表 10—2　　　　　　　　　　　　业务风险评估（保险）

名称	内容	部门	风险来源	风险描述	管理措施	应对策略	规章
保险信息	项目中的个人信息	保险业务项目组	处理、存储、完成后处理	项目调用 存储管理 项目负责人权限 项目组成员行为	为项目组成员分配不同的权限，并按照自身权限处理所负责的项目模块，且只能访问服务器中对应的模块 存储管理由系统管理人员负责 项目处理过程保留痕迹 项目完成后本地服务器存储空间清零 项目负责人因对项目负责，具有最大权限，由监察人员负责监控 项目负责人必须对项目组成员的行为负责，避免发生安全事件	如风险发生： 确认风险发生原因、性质、类型及可能产生的影响 确认责任者 采取相应的补救措施，尽可能降低影响和损失 依据规章处罚 上报相关主管机构	……

（4）行业应用项目组（外包业务）

该业务项目模型：

①与客户方签订委托处理协议；

②通过公网、VPN 专线下载客户方项目到本地服务器；

③项目组成员将各自负责的项目模块下载到本地终端处理；

④项目结束后，通过公网、VPN 专线上传至客户方；

⑤个别客户需要以光盘等媒介形式递送；

⑥客户在协议中对个人信息安全提出了严格要求。

项目组针对项目特点，评估了项目可能的风险、应采取的管理措施，如表10—3所示。

表10—3　　　　　　　　　业务风险评估（外包业务）

名称	内容	部门	风险来源	风险描述	管理措施	应对策略	规章
行业外包	项目中的个人信息	行业应用项目组	处理、存储、完成后处理	项目接收和发送项目调用存储管理项目负责人权限项目组成员行为	公网接收和发送必须考虑加密等安全措施和网络安全 为项目组成员分配不同的权限，并按照自身权限处理所负责的项目模块，且只能访问服务器中对应的模块 网络安全、线路安全、接入安全由系统管理人员负责 存储管理由系统管理人员负责 光盘等媒介递送时，必须采取安全措施 项目处理过程保留痕迹 纸质文档根据相应规章处理 项目完成后本地服务器存储空间清零 项目负责人因对项目负责，具有最大权限，由监察人员负责监控 项目负责人必须对项目组成员的行为负责，避免发生安全事件	如风险发生：确认风险发生原因、性质、类型及可能产生的影响 确认责任者 采取相应的补救措施，尽可能降低影响和损失 依据规章处罚 上报相关主管机构	……

（5）行业应用项目组（国内业务）

该业务项目模型：

①与客户方签订委托处理协议；

②通过公网、VPN专线下载客户方项目到本地服务器；

③通过公网、VPN专线远程登录、处理；

④现场处理；

⑤项目组成员将各自负责的项目模块下载到本地终端处理；

⑥项目结束后，通过公网、VPN 专线上传至客户方；

⑦客户在协议中对个人信息安全提出了严格要求。

项目组针对项目特点，评估了项目可能的风险、应采取的管理措施，如表 10—4 所示。

表 10—4　　　　　　　　　　业务风险评估（国内业务）

名称	内容	部门	风险来源	风险描述	管理措施	应对策略	规章
行业内包	项目中的个人信息	行业应用项目组	处理、存储、完成后处理	项目接收和发送 项目调用 存储管理 远程登录管理 现场管理 项目负责人权限 项目组成员行为	公网接收、发送及远程登录必须考虑加密、权限、行为限制等安全措施和网络安全 为项目组成员分配不同的权限，并按照自身权限处理所负责的项目模块，且只能访问服务器中对应的模块 网络安全、线路安全、接入安全由系统管理人员负责 存储管理由系统管理人员负责 远程登录处理、现场处理责任人必须严格遵守规章，根据自身权限、责任、工作内容实施，且签署保密承诺 所有处理必须留有痕迹 所有纸质文档必须按相应规章处理 项目负责人因对项目负责，具有最大权限，由监察人员负责监控 项目负责人必须对项目组成员的行为负责，避免发生安全事件	如风险发生：确认风险发生原因、性质、类型及可能产生的影响 确认责任者 采取相应的补救措施，尽可能降低影响和损失 依据规章处罚 上报相关主管机构	……

（6）委托业务

INSEXP 在国内业务中存在委托业务，即某些国内业务根据企业实际，需要另外委托其他企业处理，这些业务也部分涉及个人信息。

　　项目组针对委托业务特点，评估了项目可能的风险、应采取的管理措施，如表10—5所示。

表10—5　　　　　　　　　　　业务风险评估（委托业务）

名称	内容	部门	风险来源	风险描述	管理措施	应对策略	规章
委托业务	项目中的个人信息	行业应用项目组	处理、存储、完成后处理	委托项目发包 承接委托项目 受托项目管理 受托方职责和行为 委托信用 委托后处理	通过网络发送、接收必须考虑加密、权限、行为限制等安全要求、措施和网络安全 审核受托方信用 委托合同中增加个人信息安全约定 委托合同中限定受托方的职责和行为 委托合同中对受托方再委托行为加以限定 委托合同中对委托项目的核查做出规定 委托合同对委托项目执行完毕的处理方式、方法做出约定 委托项目执行完毕，如需销毁，必须在委托合同中做出约定 委托合同必须对违反合同的行为制定处理约定及相应的处罚措施 所有处理必须留有痕迹 委托合同必须约定所有纸质、电子文档处理方式 受托方必须监控项目负责人行为 项目负责人必须对项目组成员的行为负责，避免发生安全事件	如风险发生： 确认风险发生原因、性质、类型及可能产生的影响 确认责任者 采取相应的补救措施，尽可能降低影响和损失 依据合同规定处罚 上报相关主管机构	……

　　业务管理中的所有客户信息，由项目组负责人统一保存和管理，并建立使用、管理和登记备案制度，过程改进机构定期检查。

10.4.3 环境风险与保护

由于 INSEXP 许多业务与个人信息安全相关，因而，其运营环境和员工个人工作环境的安全也是至关重要。

（1）环境管理

INSEXP 安装了门禁管理系统，在企业入口、各项目组入口、会议室入口、管理部门入口均安装了门禁，出入均需刷卡，如不刷卡进入，则不能外出，反之亦然。

INSEXP 安装了监控系统，对企业关键部位、部门和门禁实行监控。

个人信息管理机构评估了门禁、监控系统存在的风险因素，以及应采取的管理措施，如表 10—6 所示。

表 10—6 环境风险评估（环境管理）

名称	内容	部门	风险来源	风险描述	管理措施	应对策略	规章
门禁信息	门禁卡	全体	使用、提供、保管、销毁	门禁卡丢失 向第三方提供权限不清 员工离职后未收回 员工离职后未销毁 销毁方式、方法 责任人职责	明确责任人职责 专卡专用，不得向第三方提供 根据需要分配不同的权限 员工离职后立即收回并销毁，并根据规章采取相应的销毁措施	如风险发生： 确认风险发生原因、性质 确认责任者 依据规章处罚并尽可能降低影响和补救 上报相关主管机构	……
监控信息	监控管理	管理部	管理、责任人责任	监控信息的管理 保安的管理 ……	加强保安责任、保密意识和个人信息安全教育 加强主管部门的监管 采取技术和管理措施，保证监控录像和监控信息存储的安全	如风险发生： 确认风险发生原因、性质 确认责任者 依据规章处罚并尽可能降低影响和补救 上报相关主管机构	

（2）出入管理

个人信息管理机构评估了出入企业可能存在的风险，以及相应的管理措施，如表 10—7 所示。

表 10—7　　　　　　　　　　　环境风险评估（出入管理）

名称	内容	部门	风险来源	风险描述	管理措施	应对策略	规章
出入登记	登记信息	管理部	使用、提供、保管、销毁	出入登记制度 登记簿内容 登记簿管理 登记簿销毁	明确出入登记制度 明确责任人职责 登记簿内容不能过度涉及个人信息 登记簿责成专人负责 设定登记簿保存时限 确定登记簿销毁方式、方法、责任人等	如风险发生： 确认风险发生原因、性质 确认责任者 依据规章处罚并尽可能降低影响和补救 上报相关主管机构	……
出入登记	移动设备信息	管理部	使用、保管	责任人责任 移动设备管理	确定责任人的责任 设备的管理措施，如加密、权限等 确定设备的使用限制 设备带出企业的限制、记录和要求 返回企业时的申明和检查	如风险发生： 确认风险发生原因、性质 评估影响 依据规章处罚并尽可能降低影响和补救 上报相关主管机构	
出入登记 ……	……	……	……	……	……	……	

10.4.4　行为风险与保护

员工行为同样存在个人信息安全风险，个人信息管理机构评估了这些风险，并采取了相应的管理措施，如表 10—8 所示。

表 10—8　　　　　　　　　　　行为风险评估

名称	内容	部门	风险来源	风险描述	管理措施	应对策略	规章
员工行为	相关个人信息	全体	日常活动	各级管理人员的行为和意识 各项目组负责人的行为和意识 各项目组成员的意识和行为 个人信息管理相关负责人的责任和行为 其他相关人员的行为	加强员工的培训和教育 强化管理人员、业务负责人的责任意识和行为约束 过程改进机构监督检查个人信息相关责任人及以上各项的行为 制定人员行为规范	如风险发生： 确认风险发生原因、性质 确认责任者 依据规章处罚并尽可能降低影响和补救 上报相关主管机构	……
……							

10.4.5　社会工程风险与保护

由于企业管理、业务中涉及大量个人信息，非传统信息安全的威胁不容忽视。个人信息管理机构评估了这些威胁，并采取了相应的管理措施，如表 10—9 所示。

表 10—9　　　　　　　　　　　　社会工程风险评估

名称	内容	部门	风险来源	风险描述	管理措施	应对策略	规章
非传统信息安全	相关个人信息	全体	日常活动	电话交谈 引诱开门 废弃文档 闲聊 网络欺骗	加强全体员工的培训和教育，包括保密教育 强化管理人员、业务负责人的个人信息安全意识 加强全体员工，特别是各级管理人员的抵御诱惑能力 涉及个人信息的文档，必须彻底粉碎、专人负责监督销毁 网管人员负责网络安全	如风险发生： 确认风险发生原因、性质 确认责任者 依据规章处罚并尽可能降低影响和补救 上报相关主管机构	……
……							

10.5　安全管理机制

虽然 INSEXP 建立了信息安全管理体系，通过了 ISO/IEC 27001 认证，但由于个人信息的特殊性，必须重新评估个人信息安全管理机制：

①评估网络接入设备安全：设备配置、结构、功能等；

②评估安全设备安全：设备配置、规模、架构、安全策略、管理等；

③评估网络设备安全：设备配置、规模、架构、网络配置、性能、管理等；

④评估拓扑结构：结构的合理性、可靠性等；

⑤评估网络规划：企业整体网络划分的合理性等；

⑥评估服务器：服务器的安全性能、配置、容量等；

⑦评估软件：系统软件、数据库系统、应用系统及其他相关软件的安全性能等；

⑧评估项目：评估项目的安全性（与来源、公网等相关）、安全威胁的处理等。

安全管理机制包括：

（1）网络基础设施管理

INSEXP 的网络基础设施，包括网络设备、安全设备、服务器系统接入设备及系统软件、数据库系统等，均根据 ISO/IEC 27001 的要求评估、配置，基本满足个人信息安全管理的需要。

（2）网络互联管理

①银行业务项目组、信用卡业务项目组，根据客户要求采用点对点联结，网络安全由客户控制；

②保险业务项目组和行业应用项目组部分项目采用 VPN 专线联结，并按照客户要求安全配置；

③行业应用项目组部分项目通过公网接受和发送，根据评估结果采取强安全机制；

④企业内按照项目组划分局域网络，均不能访问外网；

⑤行业应用项目组由于业务关系需要与外网互联，专设一个终端，接受、发送项目，访问所需网站；

⑥人力资源部、财务部专设与政府职能部门互联的终端；

⑦人力资源部设有招聘网站；

⑧各局域网之间不能通信。

（3）权限管理

网管人员根据项目需要分配相应的权限：

①项目组成员具有一般权限，仅允许访问相应服务器中所负责项目的相应模块；

②项目负责人的权限大于项目组成员，但仅限于该项目的管理；

③行业应用项目组成员不具有访问外网的权限；

④行业应用项目组负责人可以通过外网终端访问外网，但仅限于项目需要，除项目需要以外的网站，全部封闭；

⑤行业应用项目组负责人负责外网终端的安全和管理；

⑥人力资源部、财务部外网终端责成专人负责，仅允许访问所对应的政府网站、招聘网站，其余网站全部封闭。

（4）电子邮件管理

INSEXP 设有企业邮箱，收发因管理、业务引发的各类邮件。

发送各类邮件必须加密。

邮箱设有安全机制，包括强力杀毒、专杀木马等，并及时更新。

INSEXP 不允许使用公共邮箱。

（5）桌面管理

员工个人工作桌面，必须整洁，不能出现任何与个人信息相关的文档。

个人终端必须设置屏幕保护和密码。

所有外接端口，如 USB，全部封闭。

所有员工不得携带任何移动设备进入企业。

个人终端操作系统必须是正版，并及时更新、补丁。

个人终端杀毒软件必须是正版，并及时更新。

（6）环境安全管理

必须注意消防安全、水电安全、设备安全等，并制定相应的管理和保护措施。

（7）网管人员的行为管理

加强网管人员的培训、教育，强化安全意识。

管理部负责人监督网管人员执行网络安全管理措施。

限制、分散网管人员的权限。

（8）备份管理

对系统关键信息采取适当的备份措施，包括增量备份、差异备份等。

10.6 过程改进机制

10.6.1 意见和反馈

（1）接受各方面的个人信息相关的意见、建议；

（2）评估意见和建议的可行性；

（3）吸收、采纳有助于个人信息保护体系持续改进、完善和发展的意见、建议；

（4）及时将个人信息管理机构的处理意见反馈给建议人。

10.6.2 个人信息保护体系监察

（1）过程改进机构明确监察目标，制订监察计划，确定监察时间、监察过程、监察内容、监察责任人等。

（2）监察自个人信息保护体系构建起介入，跟踪、监控体系的构建、实施和运行。

（3）过程改进机构对体系实施风险评估，如表 10—10 所示。

（4）跟踪和监控个人信息保护体系构建、实施和运行的过程：

①跟踪、监控已识别风险，当风险变化时及时采取应对措施；

②管理、业务发生变化时，及时重新评估安全风险，采取相应的管理措施；

③在体系运行中注意发现未识别的潜在风险，及时采取相应的管理措施；

④个人信息保护体系监察责任人不能监察本部门的个人信息安全状况；

⑤在监察过程中形成各种监察记录，有据可查；

⑥监察完成后，形成个人信息保护体系监察报告，说明体系运行过程、个人信息安全状况、问题或缺陷改进情况等，上报总经理批准。

表 10—10 个人信息保护体系风险评估

名称	内容	部门	风险来源	风险描述	管理措施	应对策略	规章
个人信息保护体系	体系的充分性、有效性	全体	体系构建、	管理机制设计 企业外部因素的影响 企业内部运营机制 信息资源的作用	检查、评估体系中管理机制设计是否符合企业实际 识别、评估影响构建体系的外部因素，区别有利因素和不利因素，抵消、平衡不利因素 评估企业运营机制对个人信息安全的影响，并使这一机制、其他管理体系与个人信息保护体系融合应用 在信息资源识别中，充分注意其对个人信息安全可能产生的作用，并在风险评估中有效识别并采取相应的管理措施	在体系构建中，充分考虑识别的各种因素、影响，并在体系设计中采取相应的处理措施	……
个人信息保护体系	体系的适宜性、有效性	全体	体系实施	最高管理者的意识 相关责任人意识 技术管理的合理性 业务管理的合理性 员工的认可度	检查、考核包括总经理、各级管理者、个人信息管理机构相关责任人的个人信息安全意识、责任、知识和实际工作 检查各部门、各项目组的业务和技术管理措施，评估其合理性 调查员工对个人信息安全的认识、意见和建议	如风险发生： 确认风险发生原因、性质 确认责任者 确认体系设计缺陷 重新评估体系的有效性和充分性 依据规章处罚并尽可能降低影响和补救 上报相关主管机构	……
个人信息保护体系	体系运行的合理性、有效性	全体	体系运行	体系中的不合理因素 培训	评估体系运行过程中是否存在不合理因素，如存在，调整、改进 通过问卷、抽查、考核等方式，评估培训效果，如效果不理想，重新培训	如风险发生： 确认风险发生原因、性质 确认责任者 确认体系设计缺陷 重新评估体系的有效性和充分性 依据规章处罚并尽可能降低影响和补救 上报相关主管机构	……
……							

10.6.3 个人信息保护体系内审

个人信息保护体系已运行并经监察改进 3 个月，个人信息管理机构、个人信息保护体系过程改进机构共同对个人信息保护体系的运行状况实施了内审。

（1）个人信息管理机构出具个人信息保护体系运行报告，对体系的充分性、有效性、合理性做出说明；

（2）共同审查监察报告的真实性、有效性；

（3）根据个人信息保护体系评价要求和规则，重新审查个人信息保护体系的运行状况及在企业管理、业务中的作用，确定体系的充分、有效，确认未出现个人信息安全事件；

（4）确认意见、建议得到有效落实和反馈；

（5）形成个人信息保护体系评价所需各种申报材料。

通过以上各项措施，持续改进、完善个人信息保护体系，适应企业外部环境、运营环境、业务环境、员工结构等的变化。

10.7　申请个人信息安全认证

经过内审，确认 INSEXP 个人信息保护体系充分、适宜和有效，符合个人信息安全相关法规、标准和个人信息安全认证要求。

内审实施结束，形成个人信息安全认证申报材料，主要包括：

（1）认证申请；

（2）个人信息保护体系运行状况报告；

（3）过程改进状况报告；

（4）个人信息管理相关报告；

（5）个人信息风险管理报告；

（6）个人信息安全管理报告。

INSEXP 个人信息管理机构确认已符合申请个人信息安全认证条件，经总经理批准，向个人信息安全认证机构申请 INSEXP 个人信息安全认证。

附录1 手机"偷窥"隐私

口袋间谍：智能手机出卖你的隐私

2008 年，全球约有 2 000 万部手机丢失。智能手机不仅能让你随时随地看视频、发微博、用网银，也随时随地准备出卖你的隐私——即使你把它砸了也未必安全。

在日常生活中，必然有一些我们不愿意让陌生人知道的东西。比如说恋爱初期男友发给我的那些非常肉麻的短信。这些信息都记录在我的手机 SIM 卡上，不久前我把这些消息删除了，并且很快忘记了这事。而现在它们居然回来了，并显示在一个陌生人的电脑屏幕上，而这个厚颜无耻的人居然还以此为荣！

一、危险的谷歌软件

为此，我到英国的某个商业大楼，进了一个没有窗户的房间，只见里面坐着三个穿着蓝色衣服的手机分析师正指着电脑屏幕嘻嘻哈哈地讨论从我手机里获得的内容。"即使你把信息删除了，我们还是能看到！"其中一个说道。

我正在 DiskLabs—— 一家为英国警方做手机取证分析的公司，该公司也提供"偷窥"隐私的服务。我收买了一些朋友并从陌生人那里购买了 4 部手机，我确实很好奇，究竟他们是如何把我们手机和 SIM 卡里的信息一点点收集起来的？

根据英国政府的技术犯罪打击同盟（DTAAC）资料数据显示，80% 的人被骗子利用其所存储在手机里的信息进行犯罪，大概 16% 的人会把银行信息记录在手机里。当我把只用了几个星期的诺基亚 N96 交给公司时，我曾自负地认为他们不会有太多的惊喜。然而，后来所发生的一切证明我想错了。

除了存储在我手机上的文本信息外，还有手机里一个叫"运动轨迹"的软件让他们收集到了更多关于我的私人资料，并且可以清楚地计算出我燃烧了多少卡路里。不仅如此，这个软件还能记录我行走的路程及最快速度、还有纬度的变化，最终把这些数据输入电脑并在 GOOGLE 地图和 STREET VIEW 里面录入。通过这样他们将能清晰地看见我的办公室，以及我的房子甚至门牌号。运动轨迹还可以记录我的行踪。"如果我需要更多的信息，那我们可以对你实时追踪。"DISKLABS 公司资深分析家尼尔·巴克说道。为此我曾考虑再三才开始使用"运动轨迹"，而很多人甚至不会去考虑这些软件对他们的影响。

今年 2 月，谷歌公司推出了一种叫"谷歌纵横"的手机网络软件。开启后，它可以准确显示你所在的地理位置。"这个工具有可能不知不觉地把你的信息透露出去，包括好事的同事、爱吃醋的另一半和对你过分关心的朋友。"国际隐私保护组织说。

不仅你的手机会泄露你的信息，手机上的日历也可能泄露关于你更多的情况。据英国警方调查，一些罪犯把手机盗走以后，查得其日历上记录着主人不在家的时间，因此利用这些资料进行入屋盗窃。DTAAC 犯罪研究实验室项目负责人麦吉汉最近在英国成立了一个工作室，试图设计对黑客没那么大吸引力的手机。"如果你手机中存储了个人信息，如银行账户、社会保险与信用卡信息，那么你这无疑是为他人冒充你，抢劫你钱财和入侵你的生活提供了便利。"麦吉汉说道。

二、被删除的手机信息能恢复

巴克在查看我同事的 iPhone 时，发现了两个四位数字存储在地址簿里分别名为 M 和 V 的联系人下面，并通过他的文本信息搜索出维珍集团发给他的新信用卡资料。巴克猜测 M 和 V 分别是万事达卡（Mastercard）和维珍信用卡（Virgin）的密码。事实证明他猜对了。

"一条普通的手机短信其实是毫无意义的，"琼斯说，"当你收集到大量信息——比如说一年的日记、邮件、工作计划等，试着把这些资料汇集到一起，你将会发现很多有趣的东西。"

DiskLabs 团队通过同样的方式得知了我同事妻子的名字，还有她的护照号码及护照失效日期，还有她在巴克莱银行的账户信息。再有，就是电子邮件地址、FACEBOOK 上的联系人名单及电子邮件地址。像这种类型的个人信息不但很有价值，而且还能在网上卖到一个好价钱，这种就是所谓的尼日利亚 419 骗局。比方说，你收到一封电子邮件，内容是关于发送者通过外国银行账户给接收者汇钱并进行"兑换"的请求，并要求换取及分享所得利润。"419 骗局所需要的就是这种类型的个人资料。"琼斯说道。

"随着意识的增强，窃密者很快便发现很多人在丢弃电脑硬盘之前都会清除里面的数据，但对于手机，人们并无这种意识习惯。"琼斯说道。根据市场分析 ABI 搜索显示，如今手机的回收数量加大。预计到 2012 年，每年将会有 1 亿部手机报废。

为了研究一个保护手机资料的最好方法，琼斯从自愿者、手机回收公司和 EBAY 网上拍卖机构处收购了 135 部手机和黑莓设备。其中大概有一半的设备因故障而不能正常使用。琼斯的团队发现了其中 10 部有着详细信息记录的手机，并从中得知前使用者资料，而另外 12 部手机所显示的信息则足够去判断这些拥有者的身份，即使这批手机里面只有 3 部是带有 SIM 卡的。

26 个黑莓设备里面，4 个所含信息能判断其前拥有者的身份，另外 7 个甚至能了解前拥有者的雇主的身份。"这使我们感到惊讶，我们预计这是最有安全保障的设备，最后结果竟是如此。"琼斯说道。当黑莓用户手机被偷或被出售后，他们可以发信息进行资料保护或数据加密，但他们很多人并没有这个意识。

研究小组通过一台黑莓手机找到了它的主人——一个日本公司的高级销售经理。小组人员修复了他的电话历史记录，其中包括 249 栏地址本资料、日程记事、90 个电子邮件地址及 291 封电子邮件。通过这些信息，他们能确定其公司结构，公司个人职责，公司下一阶段的商业计划，主要客户群及其与公司的密切程度，个人出行住宿的安排细则，该主管的家庭信息，包括小孩的工作和活动、婚姻状况、地址、住房布局，约会行程、医疗及牙医地址、银行账户号码及银行代码、汽车登记号。"其中两台黑莓还记录着一些很隐私的个人信息，如果这些信息都被公开的话，那将会对前使用者造成很大的尴尬和困扰。"琼斯说道。

尽管他的团队采用了专业的刑事技术探测软件去检索这些手机数据，但其中大部分数据是从手机上直接获得的，有的甚至只是利用手机上的简单软件便能获得资料。"这些功能并不是用来实行'高科技犯罪'的，它采用简单的技术操作目的是使任何人都能轻易上手。"琼斯说。

根据英国数据安全专业分析数据显示，在2008这一年里面世界上有将近2 000万部手机丢失或被偷。这无疑是一个坏消息，人们该采取什么措施才能保证手机的安全性？"开启安全设置是重要的第一步。"麦吉汉说。这将能打击一些信息盗窃犯破解代码的耐心。第二步是确定你已经删除了那些不想让人知道的信息，同时提醒自己，这些数据是有可能被修复的。"我存储在手机里的信息，都是可以给别人看的。"

对于我的情况，我会尽快删除收件箱里那些可疑的邮件，另外我会把旧手机交给丈夫保管，如果那些肉麻短信非要给别人看的话，我宁愿是那个热情的短信原创者，而不是某个在不远处房间里偷笑的变态者。

资料来源 ［美］Linda Geddes：《口袋间谍：智能手机出卖你的隐私》，潘婷译，载《南都周刊》，2009－11－09。

附录 2 部分管理规章示例

案例 1 INSEXP 个人信息安全方针

文件编号：

个人信息安全方针

版本号：

制定日期：　　　年　　　月　　　日

修改日期：　　　年　　　月　　　日

制定人：

审批人：

企业名称：INSEXP

制定与修改记录

版本号	制定/修改日期	理　由	制作人	审批人
1.0				
1.1				
1.2				

INSEXP 个人信息安全方针

本公司对公司客户、员工、业务等所涉及的个人信息，均严格遵守国家个人信息保护方面的相关法律法规。同时依照《软件及信息服务业个人信息保护规范》的要求制定本公司的个人信息安全方针，并遵照执行。方针的内容包括：

1. 本公司向全体员工宣传个人信息安全的重要性和策略，加强每位员工对个人信息安全工作的配合和重视；认真贯彻执行本公司制定的个人信息安全基本规章制度和管理规定。

2. 本公司在收集、使用、提供个人信息时，均采取合法、公正的手段，并事先征得个人信息主体的同意，在目的范围内使用。同时，实行相关安全保护措施。

3. 本公司为了确保个人信息的安全，建立信息安全保护对策等安全措施，以防止对个人信息的非法访问，以及个人信息的遗失、破坏、篡改、泄漏等。

4. 本公司在与第三方共享个人信息时，必须事先征得个人信息主体同意，并根据个人信息安全规范要求采取必要措施，防止由第三方泄漏个人信息等。

5. 本公司在个人信息主体提出对个人信息进行修改、停止使用等要求时，将根据公司个人信息安全相关规定采取适当的方法实施相应的配合。

6. 为了更好地实施公司个人信息安全相关规定，本公司建立个人信息保护体系的持续改善等相关措施。

7. 将本方针文档化，贴于公司办公场所，让每位员工可以方便地看到、理解和执行达到众所周知。

8. 本方针将通过公司的网站对外公布，使外界了解本公司的个人信息安全方针、政策。在工作当中涉及个人信息时，本公司也将主动向个人信息主体宣传公司个人信息保护的措施和规定。

9. 本公司个人信息管理服务支持机构设置窗口，指定专门负责人，负责接待社会各界提出的意见及建议。

公司个人信息管理服务窗口负责人：

联系电话：

电子邮箱：

制定日期：　　年　　月　　日

修改日期：　　年　　月　　日

INSEXP

总经理：

案例 2　INSEXP 组织规定

文件编号：

INSEXP 个人信息保护组织机构与责任规定

版本号：

制定日期： 年 月 日

修改日期： 年 月 日

审批人：

制定人：

企业名称：INSEXP

制定与修改记录

版本号	制定/修改日期	理　由	制作人	审批人
1.0				
1.1		PIPA 认证提交		
1.2				
1.2.1				
1.2.2				
1.3				

目　录

1. 个人信息安全管理机构图

本公司个人信息管理的机构设置，如图 1 所示。

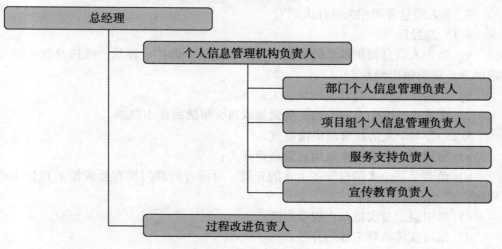

图 1　个人信息保护组织机构

2. 个人信息管理相关责任人的任命

2.1　个人信息管理机构负责人

总经理任命个人信息管理机构负责人。

2.2　过程改进机构负责人

总经理指定个人信息保护体系过程改进机构负责人，暂由公司内部指定。

2.3　各部门个人信息管理负责人

个人信息管理机构负责人任命各部门个人信息管理负责人。

2.4　窗口负责人

个人信息管理机构负责人任命客户服务窗口负责人。

2.5　宣传教育负责人

个人信息管理机构负责人任命宣传教育负责人。

2.6　各部门安全责任人

各部门个人信息管理负责人任命各部门安全责任人。

3. 个人信息管理相关责任人名单

3.1　总经理：×××

3.2　个人信息管理机构负责人：×××

3.3　过程改进机构负责人：×××

3.4　各部门个人信息管理负责人

a）人力资源部个人信息管理负责人：×××

b）财务部个人信息管理负责人：×××

c）管理部个人信息管理负责人：×××

d）各项目组个人信息管理负责人：×××、×××、×××、×××

3.5　服务窗口负责人：×××

3.6　宣传教育负责人：×××

4.　个人信息管理相关责任人职责

4.1　总经理

a）对个人信息保护体系的构建、导入、运用、监护、评估、维持及改善时必需的业务资源做出判断；

b）任命个人信息管理机构负责人；

c）在发生个人信息安全相关的紧急或重大事故时做出判断。

4.2　公司个人信息管理机构负责人

a）负责指定各部门个人信息管理责任人；

b）负责公司个人信息管理工作的开展，对所有的部门拥有要求指示和合作的权利；

c）组织制定与实施基本规章制度；

d）指导宣传教育工作的开展；

e）负责检查公司个人信息保护体系运行状况并写出报告；

f）在发生个人信息安全相关的紧急或重大事故时向总经理汇报。

4.3　个人信息保护体系过程改进机构负责人

a）公司设置专门的个人信息保护体系过程改进负责人，该负责人具有独立性，并站在公平、公正的立场上开展工作；

b）过程改进负责人负责制定监察规定、监察计划、内审计划、持续改进计划，按照计划对公司个人信息保护体系运行状况进行监察、内审，并写出监察报告，提出改进意见。

4.4　个人信息管理机构宣传教育负责人

a）负责制定公司培训教育规定和培训教育计划；

b）负责培训计划实施；

c）负责公司对内、对外宣传。

4.5　客户窗口负责人

a）公司任命服务窗口负责人，负责接受客户的意见和建议；

b）服务窗口负责人负责对客户的意见和建议提出处理意见和促进意见的落实和反馈；

c）在出现问题时负责与客户沟通和讨论赔偿办法。

4.6　各部门个人信息管理负责人

a）公司个人信息管理机构负责人指定各部门个人信息管理负责人；

b）负责协助公司个人信息管理机构负责人实施本部门个人信息管理工作；

c）负责任命本部门个人信息安全责任人。

4.7　各部门个人信息安全责任人

依据公司情况，在需要设置时由公司各部门个人信息管理负责人指定本部门个人信息安全责任人，协助本部门个人信息管理负责人实施本部门个人信息管理工作。

4.8　个人信息安全监察员

a）负责辅助过程改进负责人对公司内部个人信息安全情况进行监察；

b）负责辅助过程改进负责人写出监察报告。

案例 3　INSEXP 个人信息收集、使用、提供、委托、处理的管理规定

文件编号：

INSEXP 个人信息收集、使用、提供、委托、处理的管理规定

版本号：

目 录

制定日期： 年 月 日

修改日期： 年 月 日

审批人：

制定人：

企业名称：INSEXP

制定与修改记录

版本号	制定/修改日期	理 由	制作人	审批人
1.0				
1.1		PIPA 认证提交		
1.2				
1.2.1				
1.2.2				
1.3				

目　录

1. 个人信息的定义和收集

1.1 个人信息是指与存在个体相关的并且可用于识别特定个体的信息，如姓名、生日、个人证件号码、标志或其他记号、图像或录音及其他相关信息（包括某些单独使用时无法识别，但能够方便地与其他数据进行对照参考，并由此识别特定个人的信息）。个人信息不仅包括个体识别信息，还包括显示事实、判断或评价等的所有情报，包括个人身体状况、财务状况、工作类型或职务等。

1.2 收集的原则与范围

1.2.1 个人信息收集的原则

对个人信息的收集确立以下原则：

a）限制收集原则，在个人信息主体不知道或不能控制的状态下，不能收集、存储和披露个人信息；

b）资料内容完整正确原则，收集的个人信息应该限于客观的事实，即必须是真实的；

c）限制利用原则，不对与个人信息主体不相干的第三者泄漏；

d）目的明确化原则，仅限于与个人信息主体有关的用途；

e）个人参与原则，个人有个人信息自主权，可参与个人信息资料制作的过程，但若取得个人书面同意，则视为同意放弃隐私权，准许他人收集、利用；

f）公开原则，个人信息资料应对本人公开；

g）安全保护原则，数据库应有加密等安全措施防止个人资料被他人不当利用、篡改或灭失；

h）责任原则，给个人信息主体造成损害需要承担赔偿等民事责任。

1.2.2 个人信息收集的范围

个人信息收集之前应明确使用目的，并应征得个人信息主体的同意，在限定的目的范围内收集。从被公开的资料中收集个人信息时也应明确使用目的。

1.3 收集的方法和手段

个人信息收集应采取适当的方法和合法公正的手段。

1.4 收集个人信息内容

1.4.1 招聘人员信息

姓名、性别、身份证号、性别、生日、联络方式、住址、毕业学校、学历、工作经历等。

1.4.2 在职员工信息

姓名、性别、身份证号、性别、生日、联络方式、住址、毕业学校、学历、工作经历等。

1.4.3 客户信息

名片交换，日常业务收集。

1.5 限制收集信息

1.5.1 限制收集下列内容的个人信息

a) 有关思想、信仰、宗教的事项；

b) 有关人权、身体障碍、精神障碍、犯罪史及相关能造成社会歧视的事项；

c) 有关政治权力的事项；

d) 有关保健医疗及性生活的事项。

1.5.2 限制收集个人信息不经过个人信息主体同意的例外情况，包括个人信息主体明确同意或法律有特别规定的情况。

1.5.3 限制收集个人信息的例外情况下的确认程序：

a) 个人信息主体同意的确认程序：相关部门负责人对提供1.5.1各项的个人信息内容应通知个人信息主体，并应得到个人信息主体书面或代替书面形式的认可；

b) 法律法规有特殊规定的确认程序：公司个人信息管理机构负责人确认相关法律法规的确切规定，并取得公司管理者批准的情况下，可以收集。

1.6 直接收集的规定

1.6.1 直接从个人信息主体收集个人信息时，应以书面形式将详细内容及目的通知个人信息主体，并征得个人信息主体的同意。

1.6.2 直接收集个人信息程序

a) 经公司管理者及公司个人信息管理机构负责人同意；

b) 在收集个人信息同时书面通知个人信息主体，并征得个人信息主体同意后方可实施。

1.6.3 通知个人信息主体的内容

a) 企业名称、个人信息管理者名称、职务、部门、联系电话。

b) 使用目的。

c) 如果将信息提供给第三者时，应明确以下事项：

●提供目的；

●提供项目；

●提供手段和方法；

●接受该个人信息的人或组织的种类和属性。

d) 委托保管个人信息时的个人信息接受者及个人信息保管合同。

e) 个人信息主体如果拒绝提供自身信息可能会产生的后果。

1.6.4 直接收集个人信息不需要个人信息主体同意的例外情况

例外情况包括1.7.3的各类情况。

1.6.5 在例外情况下直接收集个人信息的程序

a) 符合国家法律规定；

b) 经公司个人信息管理机构负责人许可；

c) 报公司管理者，并得到许可方可实施。

1.7 间接收集的规定

1.7.1 间接收集个人信息，应以书面或能代替书面的形式将详细内容及目的通知个人信息主体，并征得个人信息主体同意。

1.7.2　间接收集个人信息程序

a）经公司管理者及公司个人信息管理机构负责人同意；

b）在收集个人信息同时书面通知个人信息主体，书面通知内容同 1.6.3。

1.7.3　在下列情况下，可以不通知个人信息主体收集个人信息。但相关部门负责人应将不通知的原因（下列 a～d 的一项）报个人信息管理机构负责人，经审批后方可实施。

a）在个人信息主体已明确使用目的的情况下；

b）对外委托的业务而被委托保管的个人信息，应保证个人信息主体的利益不受侵害；

c）将使用目的通知个人信息主体，或者发布可能会危机个人信息主体或第三者的生命、身体、财产以及其他利益的情况下；

d）将使用目的通知个人信息主体，或者发布可能会造成公司的权利或正当利益受到损害的情况下；

e）根据国家法律、法规所必须执行的公务，通知个人信息主体或发布可能会影响到公务执行的情况。

2. 个人信息的使用和提供

2.1　使用与提供的原则及使用目的确定

2.1.1　使用原则

个人信息的使用和提供应在使用目的的范围之内，不可超出使用目的的范围。

2.1.2　确定使用目的流程

a）由个人信息使用者确定使用目的；

b）通知个人信息主体，并取得个人信息主体同意；

c）报个人信息管理机构负责人批准后方可使用。

2.1.3　各部门个人信息使用目的范围

a）人力资源部对于在职员工及应聘人员姓名、生日、个人证件号码及其他相关信息，用于公司日常员工管理及招聘、录用环节；

b）各项目组对于客户姓名、职务及其他相关信息，用于公司日常业务推广、展开、研讨会等方面；

c）业务中所涉及个人信息的管理依据相关各类规定。

2.2　目的范围外使用和提供的规定

2.2.1　在超出使用目的范围外使用和提供时，应事先征得个人信息主体的同意，并按照 1.6.3 的要求事项，以书面形式或代替书面形式的方式通知个人信息主体，并须取得个人信息管理机构负责人同意。

2.2.2　在无法判断是否是目的外使用的情况下，需要报公司个人信息管理机构负责人，由其判断并确定。

2.2.3　使用目的变更后向个人信息主体通知的内容及程序

a）确定变更后个人信息使用目的；

b) 将 1.6.3 中规定内容通知个人信息主体；

c) 取得个人信息主体同意后，方可使用。

2.2.4 在下述情况下，可以不征得个人信息主体的同意

a) 在相应的法律法规规定的情况下；

b) 在个人信息主体或公众重大利益需要保护的情况下；

c) 在为维护公共卫生和推进儿童健康事业，由于某种原因很难得到个人信息主体同意的情况下；

d) 根据国家法律、法规所必须执行的公务，通知个人信息主体或发布可能会影响到公务执行的情况下。

2.2.5 在取得 2.2.4 的内容时，需满足下述条件后，方可实施

a) 通知个人信息主体本人取得同意；

b) 报个人信息管理机构负责人批准；

c) 报公司管理者批准后方可实施。

2.3 个人信息提供给第三者的规定

2.3.1 个人信息提供给第三者的内部确认程序

a) 通知个人信息主体，并取得同意；

b) 取得公司个人信息保护负责人许可；

c) 提供给第三者。

2.3.2 个人信息提供给第三者时，需要通知给个人信息主体的内容

a) 企业名称及信息管理者名称、职务、部门、联系电话。

b) 使用目的。

c) 将个人信息提供给第三者时，应明确以下事项：

● 提供目的；

● 提供项目；

● 提供手段和方法；

● 接受该个人信息的人或组织的种类和属性。

d) 委托保管个人信息时的个人信息接受者及个人信息保管合同。

e) 个人信息主体如果拒绝提供自身信息可能会产生的后果。

2.3.3 个人信息提供给第三者时，不需要个人信息主体同意的情况及相应的措施

2.3.3.1 向第三者提供个人信息是，应预先将收集方法以及规定 1.7.3 的内容，或是同等内容的事项，通知个人信息主体，并得到本人的同意。但下述内容不包括在内：

a) 把 2.3.2a～c 同等内容的事项写明在通知中，并得到个人信息主体的同意时。

b) 在广泛或者提供大量的个人信息并很难得到个人信息主体同意的情况下，并且以下的事项已经预先通知个人信息主体，或者是同等内容的事项，可以替换的

事项也可以：

  i. 把给第三者提供作为利用目的的事项；

  ii. 被第三者提供的个人信息的项目；

  iii. 第三者提供的手段或方法；

  iv. 按照个人信息主体的要求停止把该人的个人情报提供给第三者；

  v. 收集方法。

  c）提供是有关法人及其他的团体的信息中包含的该法人及其他的团体个人及股东的信息，并且是基于法律或者是该法人或者是团体自己向外部公布的信息，b 项中所提出来的各事项以及其同等内容预先通知本人，还要形成随时让本人知晓的状态。

  d）为了能达到特定的利用目的，必须委托一部分或者全部的个人情报的时候。

  e）因为公司合并等原因，把个人信息提供给继任公司，并且继任公司在前公司的使用目的范围内利用该个人信息。

  f）个人信息被特定的人之间所共同利用时，需要被通知 2.3.2a～c 的内容或相等内容的事项，在得到个人信息主体的同意为前提，要让以下内容或相同内容的事项处于个人信息主体能够容易认知的状态：

  i. 共同利用的信息；

  ii. 共同利用的个人信息的事项；

  iii. 共同利用者的范围；

  iv. 利用者的利用目的；

  v. 该个人情报的管理责任人的姓名以及名称；

  vi. 收集方法。

  g）符合 2.3.2 a～d 中所规定的任意一条事项。

  2.3.3.2　公司在向第三者提供员工个人信息前，应确认第三者公司具有保证个人信息安全的能力，并告知其在目的范围内使用，提醒社会公司有义务对个人信息进行保护。公司目前需要对外提供个人信息的情况：

  a）人力资源部：员工的银行账户、保险、公积金账户及身份证号在单位财务部门进行员工工资支付、缴纳社会保险的时候提交给相关的社会单位；

  b）管理部：购买软件授权、设备、保守维护时，需向供应商提供客户个人信息，在代理专线申请时，需向电信运营商提供客户个人信息；

  c）行业组：业务再委托时，由客户直接向承包商提供终端客户个人信息。

  2.3.3.3　向第三方提供个人信息时需取得公司个人信息管理机构负责人许可后方可实施。

  2.4　访问个人信息主体的内容及程序

  2.4.1　访问个人信息主体内容

客户满意度。

  2.4.2　访问个人信息主体程序

  a）经服务窗口负责人同意；

b）由服务窗口责任人制作回访客户满意度调查问卷；

c）客户满意度调查问卷内容经服务窗口负责人审批；

d）利用传真向客户发送客户满意度调查问卷；

e）电话确认调查问卷是否到达；

f）传真回收；

g）回收后向客户电话确认。

2.5 个人信息管理机构负责人裁决权

个人信息管理机构负责人拥有根据以上规定判断个人信息使用是否在使用目的范围内使用的裁决权。

3. 个人信息的委托

3.1 委托的原则与范围

对于委托业务中委托保管的个人信息，应在个人信息主体同意的使用目的范围内或委托方提出的使用目的范围内对个人信息进行处理，不可随意使用和提供。

3.2 委托的条件与监督

对于委托信息处理业务而需要寄存的个人信息，应制定统一标准，选择个人信息保护能力较强的公司并进行适当的监督。

委托处理客户个人信息相关工作时，要签订保密合同，并接受如下所述的关于个人信息管理方法，来实施合理的信息管理方法。

①信息处理担当人的限定

●限定处理个人信息的对象。

②个人信息的管理

●选定个人信息管理责任人；

●对个人信息处理区域进行上锁管理；

●清楚记录个人信息（文件、记录等）的管理方法、对象等（用标签表示、按照标签进行管理）；

●明确个人信息（文件、记录等）的消去、删除方法（制作管理簿并进行管理）。

③个人信息的接受

●把个人信息添付在电子邮件中进行发送的时候，需对文件进行加密处理（注意：预先确认法律、规章等，并有效利用）；

●用 FAX 发送个人信息的时候，发信后应马上联系对方确认是否收到。

④个人信息的外带

●原则上禁止外带，但是，如果工作上有必要的话，即使最低限度的个人信息，也要事先得到个人信息管理责任人的认可；

●带出去的时候，要将个人信息加密并记录。

⑤个人信息处理终端

●管理个人信息发送、接受的终端，对病毒防护等防火墙进行设定；

●绝对禁止将日常工作中通过电子邮件进行个人信息交流的终端带出去。

⑥对个人信息处理担当者的教育

• 规定要在工作开始时或一段时间内（最少每年一次）对个人信息处理担当者进行教育。

⑦明确指示再受托企业相关信息

• 明确表示，为了履行委托工作需要规定最小范围；

• 再委托企业根据受托企业要求应合理进行上述 1 ~ 6 点，并同意与该公司保持一同管理；

• 管理签订与守密义务合同相等的信息安全等级。

⑧给予委托企业监察帮助

• 委托企业在工作进行中有必要实施个人信息安全监察的时候，在合理范围内应给予一定帮助。

3.3 委托合同的条款与格式

在委托合同中应包括以下项目：

a）明确委托及受委托者的责任；

b）个人信息的安全管理事项；

c）再委托时的相关事项；

d）有关个人信息保护的条款；

e）违反合同的处罚措施；

f）发生事故时的责任及报告事项；

g）合同期满后个人信息的返还和消除。

4. 个人信息的再委托

4.1 再委托的原则与范围

对于委托业务中再委托保管的个人信息，应在个人信息主体同意的使用目的范围内或委托方提出的使用目的范围内对个人信息进行处理，不可随意使用和提供。

4.2 再委托的条件与监督

对于再委托信息处理业务而需要寄存的个人信息，应制定统一标准，选择个人信息保护能力较强的公司并进行适当的监督。

4.3 再委托合同的条款与格式

在再委托合同中应包括以下项目：

a）明确再委托及受委托者的责任；

b）个人信息的安全管理事项；

c）再委托时的相关事项；

d）有关个人信息保护的条款；

e）违反合同的处罚措施；

f）发生事故时的责任及报告事项。

5. 保障个人信息主体权利

5.1 个人信息主体的权利

个人信息主体有权知道自身信息所在的位置，有权对自身信息提出修改、删除和公开的要求，有权确认、提取、拷贝个人信息，有权对自身个人信息的使用目的提出反对意见。

5.2 合同期满后个人信息的返还和消除

公司员工或客户合同期满后，经个人信息管理机构负责人确认后，将相关个人信息返还，无需返还的需在本地彻底删除，纸质资料需彻底销毁，并报个人信息管理机构负责人相关情况，得到认可。

5.3 告知义务

个人信息管理者应将个人信息的使用目的，不提供信息的后果，查询和更正自身个人信息的权利告诉个人信息主体。

5.4 个人信息公示

公示个人信息时，应得到个人信息主体同意。公司由于适当原因需要公示个人信息时，应将下列事项以书面形式或个人信息主体容易得到的方式通知个人信息主体。

5.4.1 告知

a）公司名称及管理者名称；

b）个人信息的使用目的；

c）个人信息主体对于公示个人信息的权利；

d）如果要求公示或者不同意公示可能产生的后果。

5.4.2 下列情况可以不公示或者不一定必须通知个人信息主体，但也要尽可能地通知个人信息主体，并说明其理由：

a）危及个人信息主体或第三者生命、身体、财产及正当利益时；

b）影响到公司业务的合理运行时；

c）违反法律法规时。

6. 个人信息保管

详情参照《个人信息文档管理规定》。

7. 个人信息安全事故发生预防措施

详情参照《个人信息安全管理措施》。

8. 意见及反馈

对于客户提出的意见及建议，个人信息管理服务窗口负责人需及时向个人信息管理机构负责人传达，个人信息管理机构负责人须及时做出反馈和采取相应措施，并记录保存。

9. 持续改善

详情参照《风险分析规定》。

参考文件：

《个人信彷管理规定》。

《个人信息管理措施》。

案例 4　INSEXP 个人信息文档管理规定

文件编号：

INSEXP 个人信息文档管理规定

版本号：

制定日期：　　　年　　　月　　　日
修改日期：　　　年　　　月　　　日
审批人：
制定人：
企业名称：INSEXP

制定与修改记录

版本号	制定/修改日期	理　由	制作人	审批人
1.0				
1.1		PIPA 认证提交		
1.2				
1.2.1				
1.2.2				

目　录

1　个人信息保护体系的实施

为使我公司的个人信息保护体系持续发挥作用，必须遵循 PDCA 循环改善过程，有组织地采取对策。个人信息保护体系改善的 PDCA 循环如图 1 所示。

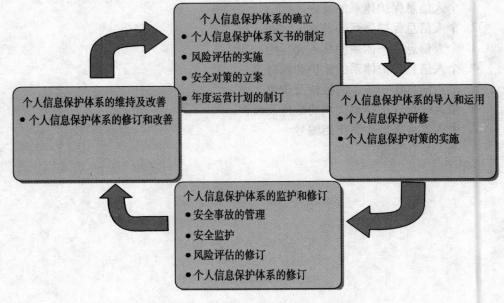

图1　个人信息保护体系的 PDCA 循环

2　个人信息保护体系的确立

为了确立我公司的个人信息保护体系，首先要实行风险评估，加以对应。

3　个人信息保护体系的导入和运用

为了导入和执行我公司的个人信息保护体系，还要实施个人信息保护研修。

4　个人信息保护体系的监护和修订

为了推进我公司的个人信息保护体系的监护和修订，我们要实施个人信息保护监察、风险评估的修订。根据个人信息保护体系的监护和修订的结果，如有必要，则对个人信息保护体系的年度运营计划进行更新。

5　个人信息保护体系的维持及改善

承接前项，为了推进我公司的个人信息保护体系的维持及改善，必须定期采取改善措施和预防措施。此外，还要根据需要不定时地或定期地进行个人信息保护体系文书的修订和改善。

6　个人信息保护体系文档的维持及改善

要根据需要不定时地或定期地进行个人信息保护体系文书的修订。

①根据每年实施一次以上风险评估的结果，有必要追加或者变更管理措施时；

②组织的系统环境发生变更时；

③发生重大个人信息保护事故时。

7　个人信息保护体系文档编号

7.1　目的

确保公司个人信息保护相关文件具有唯一编号，便于文件的识别、追溯和控制，保证公司文件体系有效运转。

7.2　使用范围

适用于公司个人信息保护文件的编号管理和控制。

7.3　公司名称约定

全称为：INSEXP 公司

7.4　日期表示

格式：yyyy 年 mm 月 dd 日或 yyyymmdd

yyyy：用四位数字表示公元年份，如 2007 表示公元 2007 年。

mm：用两位数字表示月份，不足两位时，第一位用零补齐，如 03 表示 3 月。

dd：用两位数字表示日期，不足两位时，第一位用零补齐，如 15 表示第 15 号。

例如：20071027，表示 2007 年 10 月 27 日。

7.5　文件版本编号

下面是对文件版本进行编号要遵守的标准：

起草版本的编号为 0.1，0.2，0.3，…，0.10。

版本编号可以根据需要延伸到若干层，例如，0.1，0.1.1，0.1.1.1。

一旦文件版本得以确认后，版本编号应该始自 1.0。

版本编号不断变化为：1.0，1.1，1.2，…，1.10。

可以根据需要将版本编号晋升为 2.0，2.1，2.2 等。

7.6　文件命名

格式：×××-PIPA-×××-E-.nn-密级

×××：公司名称缩写

PIPA：Personal Information protection assessment

E：文件名英文略写

nn：版本号，参见 7.5。

密级：按照《个人信息安全管理措施》规定，PIPA 相关文档均为 C 级（指公开给一般员工的信息）

8　个人信息管理

8.1　保管原则

完整性和可用性。

个人信息管理者要保证所保管的个人信息在使用目的范围内的完整性和可用性，并对个人信息随时更新，以保证个人信息的最新状态。

8.2　保管方法

8.2.1　个人信息管理者应在个人信息主体同意的使用目的范围内，以个人信息主体同意的形式正确及时地保管个人信息，应对个人信息的安全负责。

8.2.2　个人信息的保管应有明确的记录和专人负责，记录应包括业务类型、信息存放位置、保管期限、取得方法、取得途径、提供目的、废弃方法。

8.3　保管具体管理措施

参照《个人信息安全管理措施》中相关第 2 条安全保护措施管理权限规定内容。

8.4　文档更新完善

公司个人信息保护体系的规章、文件、计划、记录、合同等文档应建立管理制度，随时更新及完善。

参考文件：

《个人信息安全管理措施》。

案例 5　INSEXP 个人信息安全管理措施

文件编号：

INSEXP 个人信息安全管理措施

版本号：

制定日期： 年 月 日

修改日期： 年 月 日

审批人：

制定人：

企业名称：INSEXP

制定与修改记录

版本号	制定/修改日期	理　由	制作人	审批人
1.0		制定		
1.1		PIPA 认证提交		
1.2				
1.2.1				
1.2.2				
1.3				

目 录

1 公司员工及外来人员的出入管理及携带出公司的有关个人信息的管理规定

1.1 安全区域的区分

为妥善管理公司个人信息，办公场所从机密性的观点出发分为以下三种信息安全区域。

- 「蓝色区域」玄关、大会议室、小会议室；
- 「黄色区域」办公区域、休息室（进入休息室需经过办公区域）；
- 「红色区域」各项目组区域、机房。

1.2 出入办公室管理

「黄色区域」对个人每次出入进行认证方可进入（每个人各自刷卡）。

「红色区域」出入都需对个人每次登录情况进行管理，并定期实施检查，同时实行摄像头监控（每个人各自刷卡）。

1.3 识别工具的应用

为了更容易分别外部人员，平时员工需使用识别工具（员工证件、证件吊带等）。

1.4 来访者的对应

①进入公司内时，需要借给客人客户用识别卡，并做好来访记录（有员工陪同的情况下，只有进入「蓝色区域」时，不需要）。

②「黄色区域」以上的地方原则上不得进入（不得已需要进入时，必须要有员工陪同）。

③外来人员不得自公司带出个人信息，如需带出需经公司 ICT 委员会确认使用目的在使用范围内，并规定返还时间，实行密码保管后方可带出。

1.5 物品搬入公司时的注意点

在「蓝色区域」搬入物品时要对其进行确认、接受，原则上不得将搬运人员请入「黄色区域」以上的地方。

1.6 清洁办公桌、屏幕清理

离开座位、离开公司时都要彻底地清洁办公桌、清理屏幕。

1.6.1 清洁办公桌

- 禁止在办公桌上/脚边放置个人信息；
- 禁止将个人信息放置在打印机及传真机的输出位置。

1.6.2 清理屏幕

- 离开电脑等信息处理器一定时间以上的话，请使用附有密码的屏幕保护程序（推荐 5 分钟）、退出系统、关掉电源等方法。
- 注意不要忘记擦掉白板。

2 防止硬件设备被盗、破损、漏水、停电等灾害的安全保护措施

2.1 个人电脑的上锁保管。

- 长时间离开座位及回家时，请将笔记本电脑放进能上锁的抽屉等安全的地方；

● 平时使用的台式电脑要使用安全保护绳。

2.2　所有办公区域实行摄像头监控，以防止非法人员进入，防火，防盗，防破坏。

2.3　办公室线路全部设置于地下，无任何物理接触，可防止线路破损。

2.4　停电时，公司备有 UPS 备用电源，不会造成个人信息数据流失，有足够时间可以进行数据保存关机。

2.5　对于火灾，办公区域及机房内设有烟感和消防设备。

2.6　公司内部由物业服务有限公司做过防水处理，无漏水隐患。

3　数据备份制度

3.1　对个人信息数据采取专人备份和数据恢复等措施，防止个人信息的破坏和丢失。

由网络管理员（由个人信息管理机构负责人任命），每周进行个人信息数据备份，保证公司个人信息的适时更新及完整性。第三年将第一年备份数据进行 CD 刻录留存，同时清除备份数据。

3.2　备份数据需要恢复时，由信息使用者向网络管理员提出申请，网络管理员向个人信息管理机构负责人申请，得到批准后方可实施。

4　存储设备及媒介的管理、文件保管废弃制度

4.1　存储设备及媒介的管理

4.1.1　公司可移动存储设备需登记保管；

4.1.2　可移动存储设备携带出公司时，须经过向部门个人信息管理负责人申请审批后，才可实施；

4.1.3　可移动存储设备携带出公司须小心看护，不得丢失，携带出公司的可移动存储设备中的文件需进行加密处理，防止丢失后，设备中的个人信息泄露。

4.2　打印、扫描规定

4.2.1　打印出的个人信息不得存放于打印机附近，需及时清理，取走；

4.2.2　扫描文档保存于服务器指定文件夹下，扫描后需立即剪切到本地，不得存放于服务器文件夹下，公司每周强制清除一次。

4.3　邮件及传真的发送

在发邮件及传真的时候，要注意错误发送的情况。为了防止意外事故，除了不要打开可疑的邮件并立即删除之外，也请充分遵守以下规定。

4.3.1　邮件相关规定

a）给公司外部的复数地址送信的时候，为了不让对方看见全员的邮件地址，不要使用「CC」而用「BCC」（如果对方是合作伙伴并且可以知晓邮件的内容，则可用「CC」）；

b）避开不准备给所有地址回信（ALL Reply）的话，一定要在对方确认之后再发信；

c）对同时发信的（「CC」）地址，有不明确的邮件地址或被包含在邮件清单

中但不明确的人员的时候，为避免信息泄露，不要发信；

d）必须注意在使用邮件发信软件的地址输入辅助功能（自动完成等）时，发生地址选择错误状况；

e）邮件内容中有相关个人信息添附文件时，需使用密码，并在另外一份邮件中送付密码。

4.3.2 传真相关规定

a）发信前一定要确认 FAX 号码；

b）用传真发送机密信息的时候，在送信前后一定要电话确认，以确保对方收到。

4.4 文件保管废弃制度

4.4.1 个人信息相关文件使用及保管规定如下：

a）个人信息相关文件在使用期间需由各部门个人信息管理负责人监督；

b）纸质个人信息相关文件在使用期间需加锁保管；

c）电子媒体个人信息相关文件需按照下列"5 访问权限的管理"的规定进行分类，并设定访问权限；

d）个人信息相关文件的在需要返还公司及废弃时，需经部门个人信息管理责任人确认。

4.4.2 个人信息相关文件使用后，需及时废弃。废弃规定如下：

a）纸张是使用碎纸机废弃；

b）需要使用电子媒体（硬盘、USB 等）时，在再利用的情况下对全扇区进行格式化删除，不再利用的情况下用强电磁照射装置对信息媒介进行破坏（没装置的情况，允许物理性破坏）；

c）电子媒体（CD、DVD 等）对其进行颗粒状粉碎，并与其他破损光盘混合（注意不要受伤）。

5 访问权限的管理

5.1 权限

为了贯彻实施个人信息的保密管理工作，将个人信息分为三种机密。每种机密的循环处理规则如表 1 所示。

5.2 定义

分发，指通过纸张、电子媒体及电子邮件（FAX），将公司信息传达给自己部门（自己项目）以外的行为。

外带，指将公司信息（不限纸张或电子媒体等）通过携带、邮寄等方式传达到公司管理范围以外的行为。

完全删除：

（1）纸张：碎纸机。

（2）电子媒体（硬盘、USB 等）：

a）再利用的情况：利用专门数据删除软件对全扇区进行保存删除（3 次以

上）；

　　b）不再利用的情况：用强电磁照射装置对信息媒介进行破坏（没装置的情况，允许物理性破坏）。

　　（3）电子媒体（CD、DVD等）：对其进行颗粒状粉碎，并与其他破损光盘混合（注意不要受伤）。

　　5.3　利用文件服务器和信息系统时的规则

　　利用文件服务器和信息系统时需遵守以下规定：

表1　　　　　　　　　　　　　机密的循环处理规则

机密区分	定义	每种机密的循环处理规则				
		收集	保存	分发	废除	外带
A（绝密）	指如果泄露给公司外部，可以预计将造成企业竞争上或企业活动上的损失，是必须严格处理的信息	★	上锁保管	★禁止（※1）（※2）	★完全删除	★禁止（※1）
B（密）	指仅限特定的员工才能利用的信息	—	收藏保管	只限特定员工（※3）（※4）	完全删除	允许
C（公司内部）	指公开给一般员工的信息		处理整顿	允许（※4）		

说明：★必须记录在文件管理簿。

（※1）不得已需要分发或外带的情况，必须得到个人信息安全责任人的认可〔电子文档必须加密处理（MS_ Office可使用密码）〕。

（※2）需要将个人信息指示给公司外部的情况，必须签订机密保密协议。

（※3）不得已需要将个人信息分发给给定员工以外的时候，必须报告给公司个人信息管理机构负责人。

（※4）需要将个人信息指示给公司外部的情况，必须报告给个人信息管理机构负责人。

　　a）服务器存放于机房，并进行出入管理。

　　b）必须使用ID及密码进行登录。

　　c）文件服务器、文件是根据个人信息管理机构负责人预先指定管理区分，以达到适当控制访问和收纳目录的目的。

　　d）在文件服务器上制作文件夹时，应按照文件夹进行管理区分，来控制适当访问。

　　e）文件服务器和信息系统需进行备份处理，尤其是重要信息，在注意各自管理区分的重要性之后，做出备份等处理。

　　f）规定服务器各区域访问权限，各部门仅能访问、修改各部门区域，无权访问其他部门区域；各项目组根据需要，只能访问相应负责的模块。

　　g）公共区域存放的个人信息在使用后应立即删除，公司每半个月强制清除一次。

h）不再需要使用信息系统时，需迅速向公司个人信息管理机构负责人申告（关于各信息系统的利用人 ID、管理人 ID，公司个人信息管理机构负责人需要定期进行不要 ID 的检查）。

6 软件的管理及恶意软件的对策

办公用 PC 不得使用信息与通讯技术委员会许可以外的软件，并且禁止安装会造成信息泄露、病毒等包含 PtoP 在内的与业务无关的软件。

为防止病毒的侵入、感染请遵守以下规定：

a）使用公司指定的病毒软件对所有 PC 进行安装，并保持在线及自动病毒检查功能。

b）必须自动更新病毒定义文件，并时刻保持为最新的病毒定义文件。

c）外部得到的文件及共享文件媒体，需在病毒检查后使用。另外，不得引进、使用制作人不明确或制作目的不明确的软件。

d）提供给他人程序及文件媒体时，应提前进行病毒检查。

e）在发现 PC 感染病毒的时候，应立即停止使用可能感染的机器（拔除 LAN 网线），并马上报告给信息与通讯技术委员会。

f）外部网络设备在连接到公司网络前，需进行病毒检查。

7 PC 机及网络管理

7.1 公司内部办公用电脑（办公用 PC）的统一管理和禁止外带

7.1.1 办公用 PC 的统一管理

对公司内部使用的办公用 PC 进行统一管理，并全面禁止带出公司，也禁止将公司管理以外的 PC 带进公司。

7.1.2 PC 内个人信息相关的重要文件和文件夹需加密保管。

7.1.3 PC 的外带管理

a）需要将 PC 带出去的时候，请使用外出专用 PC（需要得到公司个人信息管理机构负责人的认可，并填写《外借申请表》）。

b）对于外带个人信息，实行加密管理。

7.1.4 使用者的 ID 及密码管理

使用者不得将 ID 及密码泄露给第三方知道，要做到自行严格管理，并严格遵守以下密码设定规则。

a）不使用容易被他人推测出的普遍被使用的单词、本人的兴趣、私人信息等作为密码。

b）迅速修改临时密码。

c）密码需要定期更新（最好是一个月修改一次）。

7.1.5 办公用 PC 读出管理措施

a）禁止使用 USB 接口读出；

b）禁止使用软驱；

c）禁止使用可写光驱。

7.2　PC 及媒体复制规定

a）有必要复制到外部媒体的时候，需向个人信息保护管理责任人提出复制申请并得到认可，经信息与通讯技术委员会解除限制后才可实施。

b）在复制的时候，需要登记到《媒体利用管理簿》；使用完后直到将复制的个人信息删除为止，都要确实地做好记录。

7.3　网络的管理

7.3.1　由公司个人信息管理机构负责人任命网络管理员，对公司网络进行管理。

7.3.2　实行新的连接，或者改变以前的连接形态的时候，必须考虑被连接方的种类和从外部接入的信息的重要度。特别是与其他公司或因特网连接，或进行远程登录时，须采取适当的安全管理措施。

7.3.3　对信息设备、网络和运用程序的登录须进行控制，以保证只有受许可的使用人才能登录。

7.3.4　对于含有重要个人信息的信息系统，尽可能将其与网络分开，通过防火墙和路由器的数据过滤，防止使用者从认可的通路以外的路径接入。

7.4　网络的使用

7.4.1　只有经过许可的设备才可以接入到企业内网络；

7.4.2　因特网及公司内部网的各种运用功能（www、电子邮件、内部系统等）只能用于业务目的，不可用于私人目的，此外，必须根据各个网络的使用方法，正确地使用网络；

7.4.3　不得将办公用 PC 以外的电脑与公司内部 LAN 连接；

7.4.4　不使用公司邮件账号以外的地址（例如，不使用 Web 邮件、个人协议的服务提供商提供的邮件等）；

7.4.5　OS 或使用的应用软件（IE 浏览器、MS_ Office）需使用最新的安全补丁；

7.4.6　使用 C-WAT 软件进行上网监视管理。

8　紧急事态的预防与处理

8.1　监视紧急事态及对应的程序

公司个人信息管理机构负责人、监察负责人在日常工作中需随时监视是否有个人信息安全事故及紧急事态法发生，如发现以上倾向，须立即向公司管理者汇报，并判断是否属于个人信息安全事故或紧急事态，如属其范围，应按照个人信息安全事故及紧急事态对应程序对应。

8.2　对不符合事项的判定及处理

8.2.1　为预测个人信息的泄漏、毁失，以及破损时带来的经济损失、社会信誉下降、对个人信息主体的影响等可能性，须对可能在本公司发生的不符合事项进行判定。判定主要在以下时间进行：

- 实施定期的风险评估时；
- 进行安全监察时；
- 其他公司发生了安全事故，本公司亦有可能发生类似事故时；
- 公司虽未发生安全事故，但发生了有可能导致安全事故的现象时；
- 因法律变更或业务变更、现行系统变更等原因引起风险发生变化时。

8.2.2　当确定了可能发生的不符合事项时，为将影响缩小到最小程度，我们要研究其发生的可能因素，并判定原因，由公司个人信息管理机构责任人制定预防改善措施。

对于已定的预防改善措施，必须迅速推进实施，另外，必须记录预防改善措施实施后的结果。关于已实施的预防改善措施，必须参照结果的记录进行修订。如果修订之后效果不如预期或实施预防改善措施后发现新的不符合事项，则再度进行预防改善措施的评估，研究是停止预防改善措施还是实施新的预防改善措施等问题。

8.3　紧急事态发生时的应急措施及对应程序

事故发生的时候，不能采取个人主观解决办法，应迅速向上级汇报。

8.3.1　报告流程

员工/合作员工→各部门个人信息保护负责人→个人信息保护管理责任人→公司领导者。

8.3.2　报告者的信息

姓名、所属部门、联络方法（电话/电子邮件）。

8.3.3　突发事件内容

突发事件概要、发生时间及发生地方、发生后采取的紧急措施，以及发生的经过、动机、原因、事实经过（公司信息的泄漏状况、给客户造成的影响、对公司的影响）。

8.4　紧急事态发生后的公布

为防止事态的蔓延，类似事态的发生，紧急事态发生后，在公司个人信息管理机构负责人写好事故报告之后，由公司管理者批准后，由公司个人信息管理机构负责人将事实关联、发生原因及对策及时向公司全员公布。

8.5　在紧急事态发生后，立即向 PIPA 办公室报告事实情况的程序

根据《软件及信息服务业个人信息保护规范》——辽宁省地方行业标准（DB21/T 1522—2007）、《大连软件及信息服务业个人信息保护规范》、《大连软件及信息服务业个人信息保护评价管理办法》规定，发生个人信息事故必须向 PIPA 办公室报告。

附录 3 辽宁省地方标准

DB

辽 宁 省 地 方 标 准

DB21/T 1628 – 2008

个人信息保护规范

Personal Information Protection Specification

2008 – 06 – 16 发布   2008 – 07 – 16 实施

辽宁省质量技术监督局　发布

前　言

本标准依据国际、国内相关法律、法规及信息安全相关标准，遵循世界经济合作发展组织（Organization for Economic Co-operation and Development，OECD）《关于保护隐私和个人数据跨国流通的指导原则》，参考国际通行的个人信息保护相关法规和行业自律模式制定。

本标准由大连市信息产业局提出。

本标准由辽宁省信息产业厅归口。

本标准主要起草单位：大连软件行业协会、辽宁省信息安全与软件测评认证中心。

本标准主要起草人：郎庆斌、孙鹏、王开红、郭玉梅、曹剑、李倩、李舒明、王占昌、张弩、潘玉景、邢轶男。

本标准发布日期：属首次发布。

目　录

1 范围

本标准规定了个人信息保护相关术语和定义、个人信息保护原则、个人信息主体权利、个人信息管理者的义务、个人信息保护体系的建立、个人信息保护实施、个人信息保护的安全机制、持续改进、个人信息保护评价等基本规则和要求。

本标准适用于自动或非自动处理全部或部分个人信息的机关、企业、事业、社会团体等组织及个人。

2 术语和定义

2.1 个人信息

与特定个人相关，并可识别该个人的信息，如数据、图像、声音等，包括不能直接确认，但与其他信息对照、参考、分析仍可间接识别特定个人的信息。

2.2 个人信息数据库

为实现一定的目的，按照某种规则组织的个人信息的集合体，包括：

a）可以通过自动处理检索特定的个人信息的集合体，如磁介质、电子及网络媒介等；

b）可以采用非自动处理方式检索、查阅特定的个人信息的集合体，如纸介质、声音、照片等；

c）除前2项外，法律规定的可检索特定个人信息的集合体。

2.3 个人信息主体

可通过个人信息识别的特定的自然人。

2.4 个人信息管理者

获个人信息主体授权，基于特定、明确、合法目的，管理、处理、使用、利用个人信息的机关、企业、事业、社会团体等组织及个人。

2.5 收集

基于特定、明确、合法的目的获取个人信息的行为。

2.6 处理

自动或非自动处置个人信息的过程，如录入、加工、编辑、存储、检索、交换、传输、输出等行为及其他处置行为。

个人信息的自动处理是利用计算机及其相关和配套设备、信息网络系统、信息资源系统等，按照一定的应用目的和规则进行信息收集、加工、存储、传输、检索、咨询、交换等业务。

个人信息的非自动处理是按照一定的应用目的和规则，人工进行信息收集、加工、存储、传输、检索、咨询、交换等业务。

2.7 使用

基于特定、明确、合法的目的，运用个人信息的行为。

2.8 利用

基于特定、明确、合法的目的，提供、委托第三方处理、使用个人信息及其他因某种利益处理、使用个人信息的行为。

2.9　保护

社会生活中为尊重、保护个人人格权，个人信息管理者对基于特定、明确、合法目的收集、保存、管理、处理、使用、利用的个人信息采取相应的安全管理措施，并组织、开展个人信息安全的宣传、教育；制定个人信息保护的基本规章制度；监督个人信息保护的实施。

2.10　个人信息主体同意

收集、处理、使用、利用个人信息，应通知个人信息主体并征得个人信息主体的明确同意。通知形式包括：

a）以书面形式通知个人信息主体；

b）以可鉴证的、有规范记录的、满足书面形式要求的非书面形式通知个人信息主体。

3　原则

3.1　目的明确

个人信息收集应有明确的目的，不得超范围处理、使用、利用。

3.2　主体权利

个人信息主体对相关个人信息享有权利。

3.3　信息质量

个人信息应在收集、处理目的范围内保持准确性、完整性和最新状态。

3.4　使用限制

个人信息收集、处理、利用应采用合理、合法的手段和方式，并保持公开的形式。

3.5　安全保障

应采取必要、合理的管理和技术措施，防止未经授权的个人信息检索、使用、公开及丢失、泄露、损毁、篡改等行为。

4　个人信息主体权利

4.1　知情权

a）确认个人信息数据库中与个人信息主体相关的信息；

b）确认个人信息收集、处理、使用、利用的相关信息；

c）查阅个人信息数据库中与个人信息主体相关的个人信息。

4.2　支配权

a）收集、处理、使用、利用个人信息，必须经个人信息主体以书面形式明确同意，并签字盖章。下述情况视为默认的个人信息主体的意愿：

● 由监护人代表未成年的或无法做出正确判断的成年的个人信息主体表达的意愿；

● 个人信息管理者与个人信息主体签订合同中确认了相关个人信息处理的规定，个人信息主体同意履行合同。

b）个人信息主体有权修改、删除、完善相关个人信息，以保证个人信息的完整、准确和最新状态。

c）个人信息主体有权以其他方式利用与之相关的个人信息。

4.3 疑义和反对

a）个人信息主体有权质疑相关个人信息的准确性、完整性和时效性。

b）个人信息主体有权质疑或反对相关个人信息的使用及利用目的、处理过程等。

c）个人信息主体如果认为相关个人信息的使用及利用目的、处理过程等侵害了相关主体的权益，或其他正当理由，有权提出撤消该个人信息；撤消应经个人信息主体确认。

5 个人信息管理者义务

5.1 权利保障

个人信息管理者必须保障个人信息主体的权利。

5.2 目的明确

个人信息管理者必须保证个人信息处理、使用及利用的目的与个人信息主体的意愿一致，不能超目的、超范围处理、利用。

5.3 告知

个人信息管理者应将个人信息的使用及利用目的、处理方式、不提供个人信息的后果、查询和更正相关个人信息的权利，以及个人信息管理者本身的相关信息等告知个人信息主体。

5.4 质量保证

个人信息管理者应保证收集、管理、处理、使用、利用个人信息的完整性、准确性、可用性，并保持最新状态。

5.5 保密性

个人信息管理者必须对所管理的个人信息予以保密，并对个人信息处理、使用、利用过程中的安全负责。

6 个人信息保护体系

应构建个人信息保护体系，协调保护机制和各类资源，保障个人信息主体的权利，保障业务系统的稳定运行。体系应包括：

a）方针；

b）机构及职责；

c）目标和基本原则；

d）管理机制；

e）实施过程；

f）安全机制；

g）跟踪与评估；

h）过程模式；

i）持续改进。

7 个人信息保护方针

应是指导个人信息保护工作，符合个人信息管理者实际情况，遵守国家相关法律、法规的原则和措施，并应以简洁、明确的语言阐述，并公之于众。内容主要包括：

a）个人信息主体的权利；

b）个人信息管理者的义务；

c）个人信息保护的目的和原则；

d）个人信息保护的措施和方法；

e）个人信息保护的改进和完善。

8 个人信息保护相关机构及职责

8.1 最高管理者

个人信息管理者的最高行政领导，应重视个人信息保护工作，并选择有能力的人员组建相应的机构，在资金、资源等各个方面提供完全的支持。

8.2 个人信息管理机构

个人信息管理机构负责个人信息管理者的个人信息保护工作。机构的主要职责包括：

a）开展个人信息保护工作的组织、实施；

b）个人信息保护基本规章、制度的制定；

c）个人信息保护宣传、教育；

d）个人信息保护情况的检查、改进、完善。

8.2.1 宣传教育

宣传教育应指定专人负责，在个人信息管理机构的指导下开展工作。宣传教育的主要职责是：

a）组织、实施个人信息保护宣传教育；

b）制定个人信息保护宣传教育制度、计划；

c）个人信息保护宣传策略和方法的制定；

d）个人信息保护相关知识、技术的培训、教育；

e）个人信息保护宣传教育的改进和完善。

8.2.2 服务支持

服务支持应指定专人负责，在个人信息管理机构的领导下开展工作。服务支持的主要职责应包括：

a）提供个人信息保护相关咨询和服务；

b）提供个人信息处理、使用建议和意见；

c）接受有关个人信息保护的意见，并落实和反馈；

d）沟通、交流；

e）个人信息保护相关事项、问题处理等的发布；

f）其他应处理的问题。

8.3 个人信息保护监察机构

应指定专门的个人信息保护监察负责人，可以在个人信息管理者内部选聘，或聘请社会人士担任。其职能是：

a）独立、公平、公正地开展个人信息保护监督、检查、调查工作；

b）制定个人信息保护监察制度和监察计划，并按计划实施监察；

c）编制监察报告，督促、建议个人信息保护的改进、完善。

9 个人信息保护管理机制

9.1 管理制度

应制定个人信息保护的规章和制度，包括基本的个人信息保护规章和适用于各从属机构、部门特点的管理细则，并使每个工作人员完全理解并遵照执行。

9.1.1 基本规章

个人信息保护基本规章是个人信息管理者及工作人员应遵循的行为准则，应在实施过程中不断改进和完善。基本规章主要包括以下各项：

a）个人信息保护相关机构职能及职责；

b）个人信息收集、处理、利用等的管理；

c）个人信息保护风险和安全管理措施；

d）个人信息数据库管理；

e）个人信息保护管理体系相关文档管理；

f）个人信息保护培训教育管理；

g）个人信息保护监察管理；

h）服务支持管理；

i）应急管理；

j）违反个人信息保护相关规章的处理；

k）其他必要的管理。

9.1.2 管理细则

各从属机构、部门应根据实际需要制定与基本规章一致，并符合从属机构、部门实际、切实可行的个人信息保护细则。

9.1.3 其他管理规定

其他业务开展或有特殊要求的业务，涉及个人信息收集、处理，应制定相应的个人信息保护规定。

9.2 宣传

9.2.1 基本宣传

个人信息管理者应在其内部向全体工作人员及其他相关人员说明实施个人信息保护的重要性和管理策略，以得到工作人员及其他相关人员对个人信息保护工作的配合和重视。

9.2.2 业务宣传

个人信息管理者处理涉及个人信息的相关业务时，应主动说明实施个人信息保护的目的、措施、方法和规定，并做出保密承诺。

9.2.3 社会宣传

个人信息管理者应在相关媒介中增加个人信息保护的相关内容，如宣传资料、网络媒介（如网站、博客、播客等）及其他相关的面向社会的电子类、纸质等材料。

9.3 培训教育

9.3.1 计划

应根据人员、机构、业务、需求等实际情况，制定个人信息保护相应的培训和教育制度，适时开展个人信息保护培训教育。

9.3.2 对象

个人信息保护培训教育的对象，应包括：

a）工作人员；

b）临时员工；

c）其他相关人员。

9.3.3 内容

个人信息保护培训教育的主要内容，应包括：

a）个人信息保护相关法律、法规、规范、标准和管理制度；

b）个人信息保护的重要性和必要性；

c）个人信息保护培训教育对象的职能和责任；

d）违反个人信息保护相关标准可能引起的损害和后果。

9.4 公示

公开、公示个人信息，应征得个人信息主体同意。通知的内容应包括：

a）个人信息管理者的相关信息；

b）公示的目的、方式、范围和内容；

c）个人信息主体的权利；

d）公示和非公示的结果。

9.5 个人信息数据库管理

9.5.1 保存

个人信息主体应明确确认其个人信息是否以简明、易懂的语言记载、存储在个人信息数据库中，并可以清楚无误地提取、拷贝这些信息。

9.5.2 时限

个人信息管理者应为个人信息的存储、保存设定一个合理的时限，并与目的充分相关。

9.5.3 管理

个人信息管理者应履行第 5 章规定的义务，建立个人信息数据库管理机制，包括：

a）个人信息数据库管理和使用制度；

b）个人信息数据库管理者的职责；

c）权限和安全管理；

d）备份和恢复；

e）维护和记录；

f) 事故处理。

9.5.4 备案

应建立备案登记制度，并由专人负责。记录应包括存储、保存的目的、时限、更新时间、获取方法、获取途径、位置、使用记录、使用目的、废弃原因和方法等。

9.5.5 安全性

个人信息管理者应保证个人信息数据库存储、保存的个人信息的准确性、完整性、保密性和可用性，并随时更新，以保证信息的最新状态。

9.6 保护体系文档

9.6.1 记录

应在个人信息保护体系实施过程中记录相关个人信息保护行为的目的、时间、范围、对象、方式方法、效果、反馈等信息，如培训教育、监察、宣传等。

9.6.2 管理

应建立与个人信息保护体系相关的规章、文件、记录、合同等文档的备案管理制度，并不断改进和完善。

10 保护实施

10.1 收集

10.1.1 目的

所有个人信息收集行为，必须具有特定、明确、合法的目的，并应征得个人信息主体同意，限定在收集目的范围内。

10.1.2 方法和手段

10.1.2.1 方式

收集方式主要包括：

a）主动收集：个人信息主体基于生活、工作需要主动提供，如购物（房、车等）、医疗、银行业务、电子商务等；

b）被动收集：个人信息主体不知情或不能控制情况下收集，包括：

● 采用各种网络技术和方法；

● 社会交往、商业经济等活动。

10.1.2.2 限制

应基于特定、明确、合法的目的，采用科学、规范、合法、适度、适当的收集方法和手段，以保障个人信息主体的权力：

a）应将收集目的、范围、方法和手段、处理方式等清晰无误地告知个人信息主体，并征得个人信息主体同意；

b）被动收集时，应将收集目的、范围、内容、方法和手段、处理方式等以公告形式发布，如有疑义、反对，应停止收集；

c）个人信息主体应采用适当的措施，防止不正当收集个人信息。

10.1.3 类别

10.1.3.1 直接收集

直接从个人信息主体收集相关个人信息时，应征得个人信息主体同意。必须向个人信息主体提供的信息应包括：

a）个人信息管理者的相关信息；

b）个人信息收集、处理、利用的目的、方法；

c）接受并处理、利用该个人信息的第三方的相关信息；

d）个人信息主体拒绝提供相关个人信息可能会产生的后果；

e）个人信息主体的查询、修正、反对等相关权利；

f）个人信息安全和保密承诺。

10.1.3.2 间接收集

非直接地收集个人信息时，也应征得个人信息主体同意。间接收集必须保证个人信息主体利益不受侵害。必须提供的信息参照10.1.3.1。

10.2 处理

10.2.1 同意

个人信息管理者处理个人信息之前，必须征得个人信息主体同意，或为履行与个人信息主体达成的合法协议的需要。

10.2.2 目的

个人信息管理者应在个人信息收集目的范围内处理、使用、利用个人信息，不可超出收集目的处理。

10.2.3 质量保证

个人信息管理者在处理个人信息时，应履行5.4款规定的义务，保证个人信息安全。

10.3 利用

10.3.1 提供

10.3.1.1 合法性

个人信息管理者所拥有的个人信息主体的相关个人信息，应是依特定、明确、合法的目的，经个人信息主体同意，采取适当、合法、有效的方法和手段获得的，并不与收集目的相悖。

10.3.1.2 权益保障

个人信息管理者合法拥有的个人信息主体的相关个人信息，在向第三方提供时，应履行第5章个人信息管理者的义务，保障个人信息主体的合法权益。

10.3.1.3 授权许可

个人信息管理者向第三方提供个人信息主体的相关个人信息，应获得个人信息主体的授权，并在允许的目的范围内，采用合法、适当、适度的方法使用。

10.3.1.4 质量保证

第三方接受个人信息管理者提供的个人信息主体的相关个人信息，应履行5.4款的规定。

10.3.1.5 安全承诺

个人信息管理者向第三方提供个人信息主体的相关个人信息时，应获得第三方以书面形式（或以可见证的、有规范记录的、满足书面形式要求的非书面形式）保证个人信息的完整性、准确性、安全性的明确承诺，避免不正确使用或泄露。

10.3.2 委托

10.3.2.1 范围限定

委托第三方收集个人信息或向第三方委托个人信息处理业务时，应在个人信息主体明确同意的，或委托方以合同或其他方式要求的使用目的范围内处理，不可超范围、超目的随意处理，并将受托方相关信息提供给个人信息主体。提供的信息可参照10.1.3.1。

10.3.2.2 委托信用

涉及个人信息委托业务时，应选择已建立个人信息保护体系的个人信息管理者，以建立相应的委托信用机制，保证不会发生个人信息泄露或个人信息滥用。在委托合同中应包括：

a）委托方和受托方的权利和责任；
b）委托目的和范围；
c）个人信息保护安全措施和安全承诺；
d）再委托时的相关信息；
e）个人信息保护体系的相关说明；
f）个人信息相关事故的责任认定和报告；
g）合同到期后个人信息的处理方式。

10.3.3 其他

10.3.3.1 二次开发

分析、整合、整理、挖掘、加工等个人信息二次开发，应履行第5章个人信息管理者的义务，征得个人信息主体同意，并限定在个人信息主体同意的范围内，避免随意泄露、传播和扩散。通知的内容应包括：

a）个人信息管理者的相关信息；
b）二次开发的目的、方式、方法和范围；
c）安全措施和安全承诺；
d）事故责任认定和处理方式；
e）开发完成后的处理方式。

10.3.3.2 交易

个人信息交易应履行第5章个人信息管理者的义务，征得个人信息主体同意，并限制在个人信息主体同意的范围内处理使用，避免随意泄露、传播和扩散。通知的内容可参照10.3.3.1。

个人信息交易的行为，包括：

a）基于某种利益关系的个人信息交换行为；

b）基于某种利益关系的个人信息出售行为。

10.4 使用

任何使用个人信息的行为，应履行第5章个人信息管理者的义务，征得个人信息主体同意，并限定在个人信息主体同意的范围内，避免随意泄露、传播和扩散。通知信息参照10.1.3.1。

10.5 目的外处理

需要超目的范围处理、使用、利用个人信息时，应得到该个人信息主体同意。通知信息参照10.1.3.1。

11 安全机制

11.1 风险管理

应在个人信息收集、处理、使用、利用过程中，识别、分析、评估潜在的风险因素，制定风险应对策略，采取风险管理措施，监控风险变化，并将残余风险控制在可接受范围内。

11.2 物理环境管理

应根据需要采取必要的措施，保证个人信息存储、保存环境的安全，包括防火、防盗及其他自然灾害、意外事故、人为因素等。

11.3 工作环境管理

应注意工作人员工作环境内所有相关的个人信息的保护，防止未经授权的、无意的、恶意的使用、泄露、损毁、丢失。工作环境包括：

a）出入管理；

b）工作桌面；

c）计算机桌面；

d）计算机接口；

e）计算机管理（文件、文件夹等）；

f）其他相关管理。

11.4 网络行为管理

应制定网络管理措施，采用相应的技术手段，引导、约束通过网络利用、传播个人信息的行为，构建规范、科学、合理、文明的网络秩序。

11.5 信息安全管理

应在整体信息安全体系建设中，充分考虑个人信息保护的特点，加强个人信息安全防护，预防安全隐患和安全威胁。如网络基础平台、系统平台、应用系统、安全系统、数据等的安全，以及信息交换中的安全防范、病毒预防和恢复、非传统信息安全等。

11.6 存储管理

保存个人信息的个人计算机系统、可移动存储媒介（电子、磁、纸、网络等介质及其他非自动处理介质）应确保个人信息存储的准确性、完整性、可靠性和安全使用。

11.7 使用管理

应根据个人信息自动和非自动处理的特点，制定相应的个人信息使用管理策略，包括访问/调用控制、权限设置、密钥管理等，防止个人信息的不当使用、毁损、泄露、删除等。

11.8 备份和恢复

应制定个人数据资料备份和恢复机制，并保证备份和恢复个人信息的完整性、可靠性和准确性。

11.9 人员管理

应明确与个人信息相关人员的权限、责任，加强相关人员的监察和管理，防止未经授权的个人信息接触。

11.10 备案管理

涉及个人信息相关资料的使用、借阅，应建立登记备案制度。登记应署真实姓名、部门、使用目的、使用方法及安全承诺。违反登记备案制度，应予以处罚，并承担赔偿责任。

12 监察

12.1 计划

应根据相关法律、规范和实际需求制订个人信息保护监察计划。

12.2 实施

应根据个人信息保护监察计划，定期独立、公平、公正地监控、检查、规范个人信息保护状况，并形成监察报告。

13 意见和反馈

个人信息管理者应对个人信息主体、监察人员及其他相关机构和人员提出的个人信息保护相关意见、建议、咨询等及时反馈，并采取相应的处理措施。

14 应急管理

个人信息管理者应制订应急预案，对收集、处理、使用、利用个人信息过程中可能出现的个人信息泄露、丢失、损坏、篡改、不当使用等事件进行评估、分析，采取相应的预防措施和处理。预案应包括：

a）事件的评估、分析；

b）事件的处理流程；

c）事件的应急机制；

d）事件的处理方案；

e）事件的报告制度；

f）事件的责任认定。

15 例外

15.1 收集例外

不允许收集、处理、利用个人敏感信息。经个人信息主体同意，或法律特别规定的例外，但应采取特别的保护措施。个人敏感信息包括：

a) 有关思想、宗教、信仰、种族、血缘的事项；

b) 有关人权、身体障碍、精神障碍、犯罪史及相关可能造成社会歧视的事项；

c) 有关政治权利的事项；

d) 有关健康、医疗及性生活的相关事项等。

15.2 法律例外

基于以下目的的例外，可以不必事先征得个人信息主体同意：

a) 法律特别规定的；

b) 保护国家安全、公共安全、国家利益、制止刑事犯罪；

c) 保护个人信息主体或公众的权利、生命、健康、财产等重大利益等。

16 持续改进

个人信息管理者应依据相关法规、监察报告、需求变化、建议、投诉等，定期评估、分析个人信息保护体系运行状况，持续改进和完善个人信息保护体系：

a) 分析、判断个人信息保护实施中的缺陷和漏洞；

b) 制定预防和改进措施；

c) 实时预防、改进；

d) 跟踪改进结果。

17 评价

为提供个人信息保护的质量保证，应对个人信息管理者实施个人信息保护的状况进行评价，以确定其与个人信息保护相关法律、法规、规范的符合性、一致性和目的有效性，并以此作为颁发个人信息保护认证证书的依据。